新时代科技特派员赋能乡村振兴答疑系列

XINSHIDAI KEJI TEPAIYUAN FUNENG XIANGCUN ZHENXING DAYI XILIE

食用菌高效栽培技术

SHIYONGJUN GAOXIAO ZAIPEI JISHU YOUWEN BIDA

—— 有问必答 ——

山东省科学技术厅
山东省农业科学院　组编
山东农学会

宫志远　主编

中国农业出版社
农村读物出版社
北京

图书在版编目（CIP）数据

食用菌高效栽培技术有问必答／宫志远主编 . —北京：中国农业出版社，2020.6（2022.7重印）
（新时代科技特派员赋能乡村振兴答疑系列）
ISBN 978 - 7 - 109 - 26888 - 3

Ⅰ.①食… Ⅱ.①宫… Ⅲ.①食用菌－蔬菜园艺－问题解答 Ⅳ.①S646 - 44

中国版本图书馆 CIP 数据核字（2020）第 090020 号

中国农业出版社出版
地址：北京市朝阳区麦子店街 18 号楼
邮编：100125
责任编辑：廖　宁
版式设计：王　晨　责任校对：吴丽婷
印刷：中农印务有限公司
版次：2020 年 6 月第 1 版
印次：2022 年 7 月北京第 2 次印刷
发行：新华书店北京发行所
开本：880mm×1230mm　1/32
印张：3.75
字数：120 千字
定价：18.00 元

本书编委会

主　编：宫志远

副主编：韩建东　任鹏飞

参　编：黄春燕　任海霞　曲　玲　郭惠东

农业是国民经济的基础，没有农村的稳定就没有全国的稳定，没有农民的小康就没有全国人民的小康，没有农业的现代化就没有整个国民经济的现代化。科学技术是第一生产力。习近平总书记2013年视察山东时首次作出"给农业插上科技的翅膀"的重要指示；2018年6月，总书记视察山东时要求山东省"要充分发挥农业大省优势，打造乡村振兴的齐鲁样板，要加快农业科技创新和推广，让农业借助科技的翅膀腾飞起来"。习近平总书记在山东提出系列关于"三农"的重要指示精神，深刻体现了总书记的"三农"情怀和对山东加快引领全国农业现代化发展再创佳绩的殷切厚望。

发端于福建南平的科技特派员制度，是由习近平总书记亲自总结提升的农村工作重大机制创新，是市场经济条件下的一项新的制度探索，是新时代深入推进科技特派员制度的根本遵循和行动指南，是创新驱动发展战略和乡村振兴战略的结合点，是改革科技体制、调动广大科技人员创新活力的重要举措，是推动科技工作和科技人员面向经济发展主战场的务实方法。多年来，这项制度始终遵循市场经济规律，强调双向选择，构建利益共同体，引导广大科技人员把论文写在大地上，把科研创新转化为实践成果。2019年10月，习近平总书记对科技特派员制度推行20周年专门作出重要批示，指出"创新是乡村全面振兴的重要支撑，要坚持把科技特派员制度作为科技创新人才服务乡村振兴的重要工作进一步抓实抓好。广大科技特派员要秉持初心，在科技助力脱贫攻坚和乡村振兴中不断作出新的更大的贡献"。

山东是一个农业大省，"三农"工作始终处于重要位置。一直以来，山东省把推行科技特派员制度作为助力脱贫攻坚和乡村振兴的重要抓手，坚持以服务"三农"为出发点和落脚点、以科技人才为主体、以科技成果为纽带，点亮农村发展的科技之光，架通农民增收致富的桥梁，延长农业产业链条，努力为农业插上科技的翅膀，取得了比较明显的成效。加快先进技术成果转化应用，为农村产业发展增添新"动力"。各级各部门积极搭建科技服务载体，通过政府选派、双向选择等方式，强化高等院校、科研院所和各类科技服务机构与农业农村的连接，实现了技术咨询即时化、技术指导专业化、服务基层常态化。自科技特派员制度推行以来，山东省累计选派科技特派员2万余名，培训农民968.2万人，累计引进推广新技术2872项、新品种2583个，推送各类技术信息23万多条，惠及农民3亿多人次。广大科技特派员通过技术指导、科技培训、协办企业、建设基地等有效形式，把新技术、新品种、新模式等创新要素输送到农村基层，有效解决了农业科技"最后一公里"问题，推动了农民增收、农业增效和科技扶贫。

为进一步提升农业生产一线人员专业理论素养和生产实用技术水平，山东省科学技术厅、山东省农业科学院和山东农学会联合，组织长期活跃在农业生产一线的相关高层次专家编写了"新时代科技特派员赋能乡村振兴答疑系列"丛书。该丛书涵盖粮油作物、菌菜、林果、养殖、食品安全、农村环境、农业物联网等领域，内容全部来自各级科技特派员服务农业生产实践一线，集理论性和实用性为一体，对基层农业生产具有较强的指导性，是生产实际和科学理论结合比较紧密的实用性很强的致富手册，是培训农业生产一线技术人员和职业农民理想的技术教材。希望广大科技特派员再接再厉，继续发挥农业生产一线科技主力军的作用，为打造乡村振兴齐鲁样板提供"才智"支撑。

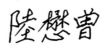

2020 年 3 月

党的十九大报告指出，农业农村农民问题是关系国计民生的根本性问题，必须始终把解决好"三农"问题作为全党工作的重中之重，实施乡村振兴战略。

实施乡村振兴战略就是要实现"产业兴旺、生态宜居、乡风文明、治理有效、生活富裕"。乡村振兴需要通过大力发展现代种养业来改变以往的传统模式，逐步向现代化、科学化、生态化、创新化转变，从而提高农民群众的获得感、幸福感、安全感。新时代下乡村振兴工作干部应该积极宣传和推广现代种养业的理念和技术，深入推进农业供给侧结构性改革，加快农业现代化建设，走有特色的现代农业发展之路。

为了落实党中央、国务院关于实施乡村振兴战略的决策部署，为新时代下农业高质量发展提供强有力的支撑，我们特组织相关力量编写了《食用菌高效栽培技术有问必答》。本书共分三章，第一章为概述，主要介绍了食用菌的定义、营养价值、种类、形态特征及生长所需的营养条件和环境条件等；第二章为栽培技术，分别介绍了平菇、香菇、黑木耳、双孢蘑菇、金针菇、杏鲍菇、毛木耳、草菇、猴头菌、银耳、羊肚菌和长根菇的高效栽培技术；第三章为病虫害防控技术，主要介绍了食用菌病虫害的定义、发生条件、主要症状和防控措施等。全书内容的组织安排体现了一定的基础性和系统性，以利于乡村振兴工作干部更好地理解和掌握现代种养业的基本概念和方法。同时，也希望读者不要拘泥于书本，要随时了解新动态，做到思维和技术随时更新。

我们本着强烈的敬业心和责任感，广泛查阅、分析、整理了相关文献资料，紧密结合实践经验，以求做到内容的科学性、实用性和创新性。在本书编写过程中，得到了有关领导和兄弟单位的大力支持，许多科研人员提供了丰富的研究资料和宝贵建议，做了大量辅助性工作。在此，谨向他们表示衷心的感谢！

由于时间仓促、水平有限，书中疏漏之处在所难免，恳请读者批评指正。

编　者

2020 年 3 月

目录 CONTENTS

第二章　食用菌高效栽培技术

第三章　食用菌病虫害防控技术

第一章

概　述

1. 什么是食用菌?

食用菌通称蘑菇,是指可供人类食用的、药用的蕈菌(大型真菌)。具体地说,食用菌是指能形成大型的肉质(胶质、纤维质)子实体或菌核组织,可以被人类食用或药用的高等真菌类的总称。

大家好,我是食用菌,既可以食用,又可以入药。

药品

2. 食用菌在生物界的分类地位是怎样的?

在分类学上,食用菌一般都属于真菌界真菌门,绝大多数属于担子菌亚门(如金针菇、平菇、杏鲍菇、香菇等),少数属于子囊菌亚门(如羊肚菌等)。

3. 食用菌主要的食用价值和药用价值有哪些?

食用菌含有丰富的蛋白质和氨基酸,一般鲜菇的蛋白质含量1.5%～6.0%,干菇的蛋白质含量15%～35%,都高于一般的水

1

果和蔬菜，可达一般蔬菜和水果的几倍到几十倍。食用菌中含有组成蛋白质的 18 种氨基酸，大多数食用菌中含有相当丰富的人体必需的 8 种氨基酸、多种维生素以及多种具有生理活性的矿质元素。

食用菌不仅味美、营养丰富，而且很多食用菌还具有很高的药用价值，常被人们称作健康食品。食用菌含有多糖、三萜类化合物、异体蛋白等生理活性物质，不仅具有补脾养胃、清神护肝、清热解毒、除湿驱寒等功能，还具有辅助增强机体免疫力、抑制机体癌变、延缓衰老、降糖降脂等作用，因此，在预防和辅助治疗高血压、心血管病、糖尿病、自主神经紊乱等病症方面具有一定价值。总之，食用菌既营养丰富、味道鲜美，又具有药用价值。

4. 我国食用菌有多少种?

中国食用菌资源十分丰富，是世界上食用菌栽培种类最多的国家。据统计，中国各种野生食用菌有 2 000 多种，已经能够驯化栽培的食用菌种类近 100 种，大规模种植的商品化食用菌 60 余种，其中包括占食用菌主要市场份额的双孢蘑菇、香菇、木耳、金针菇、平菇、杏鲍菇、真姬菇、草菇等 10 余个品种，还包括灰树花、羊肚菌、绣球菌、姬松茸、长根菇、黑牛肝菌等一系列驯化栽培成功的珍稀品种。

5. 什么是食用菌的生活史?

食用菌的生活史，是指食用菌在其生长发育过程中经历的一个完整的循环周期，即从担孢子萌发开始，经过菌丝生长、结实，到再次产生担孢子的整个生活周期。

6. 食用菌菌丝体的形态特征有哪些? 其主要作用是什么?

食用菌菌丝一般是由多个细胞组成的，在培养基质内菌丝前端不断向前生长、分支、继续生长，组成了菌丝群，称为菌丝体。在固体培养基上，菌丝体呈辐射状生长，形成各种形状、大小、颜色、表面纹饰等菌落特征。

菌丝体具有四项功能，一是分泌酶，降解、吸收营养物质；二是运送降解后的营养物质；三是储存营养物质；四是无性繁殖。

7. 什么是子实体？

由次生菌丝组织化以后形成的一种含有或产生孢子的真菌结构，称为子实体，它是食用菌在繁殖生长阶段形成的，伸展到基质外面的部分。

8. 典型的伞菌子实体主要有哪几部分？

典型的伞菌子实体由菌盖、菌柄、菌褶、菌环、菌托、鳞片等组成。不同种类的食用菌子实体组成部分不尽相同，一般由全部或其中的几个部分组成。

9. 食用菌的子实体主要的形态特征有哪些？

食用菌子实体的形状多种多样，有伞状的，如香菇、双孢蘑菇、草菇等；有毛刷状的，如齿状菌；有头状的，如猴头菌等；有耳状的，如黑木耳等；有舌状的，如牛舌菌。虽然子实体形状多样，但是其中以伞状菌最多，大部分都是伞状菌。

子实体的颜色丰富多彩，有白色、褐色、黄色、黑色、灰色、红色、绿色等，但以白色、灰色、褐色居多。

子实体的生长方式和大小各不相同，生长状态有单生、丛生、簇生等；小的仅有几厘米，大的可达到几十厘米。

10. 食用菌的子实体主要作用是什么？

子实体是菌丝体组织化以后形成的特化结构，具有产生孢子、繁衍后代的功能，也是供人类食用和药用的主要组织。担子菌的子实体即担子果，可产生担孢子；子囊菌的子实体即子囊果，可产生子囊孢子。

11. 食用菌获取营养的方式有哪几种?

所有食用菌都不含叶绿素,都不能进行光合作用,因此,必须从外界吸收获取营养物质。根据食用菌从外界获取营养方式的不同,食用菌可划分为腐生型、共生型和寄生型3种营养类型。

(1)腐生型食用菌 这一类食用菌主要通过其菌丝分泌胞外酶,将动植物尸体或无生命的有机物降解、吸收,从中获取养分和能量。绝大多数食用菌都营腐生生活,在自然界中有机物质的分解和转化中起重要作用。腐生型食用菌包括只营腐生生活的专性腐生食用菌和以寄生为主、兼营腐生的兼性腐生食用菌。腐生型食用菌较易培养,目前能够进行人工栽培的食用菌都是腐生型食用菌。

(2)共生型食用菌 这一类食用菌与相应的生物生活在一起,形成互利互惠、相互依存的共生关系。食用菌与某些真菌、植物或者动物之间都存在着共生现象,如菌根菌是食用菌的菌丝与植物根结合成的复合体。菌根菌分泌的生长激素,如吲哚乙酸等,可刺激植物根系生长,而且菌丝还能帮助植物从外界吸收水分和无机盐,而菌根植物则把光合作用合成的碳水化合物提供给菌根菌。块菌科、牛肝菌科、口蘑科、红菇科、鹅膏菌科的许多种类,如松口蘑、松乳菇、大红菇、铆钉菇、牛肝菌都是我国最常见的菌根菌。

(3)寄生型食用菌 这一类食用菌生活于寄主体内或体表,单方面从活着的寄主细胞中吸取养分进行自身的生长繁殖。在食用菌中,专性寄生的种类很少,大多数寄生型食用菌为兼性寄生或兼性腐生。以腐生为主、兼营寄生的为兼性寄生,以寄生为主、兼营腐生的为兼性腐生。专性寄生的典型代表如冬虫夏草,寄生于蝙蝠蛾幼虫内形成虫菌复合体。兼性寄生菌的典型代表如蜜环菌,它首先在活体树木的死亡部分进行腐生生活,然后一旦进入树木的活细胞后就转为寄生生活,常生长在针叶或阔叶树干基部和根部。

12. 什么是木腐型食用菌? 主要有哪几种典型种类?

自然界里,许多食用菌在死亡或者活体树木的死亡部分上营腐生生活，主要依靠降解木本植物残体进行生活，称为木腐型食用菌，简称木腐菌。常见的典型木腐菌有香菇、木耳、侧耳、灵芝、银耳等。

13. 什么是草腐型食用菌？主要有哪几种典型种类？

自然界里，一些食用菌在土壤腐殖质上进行生长和发育，主要依靠降解草本植物残体营腐生生活，称为草腐型食用菌，简称草腐菌。常见的典型草腐菌有双孢蘑菇、草菇、鸡腿菇、竹荪等。

14. 食用菌生长发育需要的营养元素有哪些？

营养是食用菌生长发育的物质基础，是食用菌高产、优质栽培的重要条件。食用菌生长需要的营养物质主要有碳源、氮源、无机盐和生长素等几大类。

（1）碳源　是食用菌生命活动的能量来源和生长发育的主要营养源，是食用菌最重要的营养物质。除了含有有机态碳源的葡萄糖、蔗糖、麦芽糖、淀粉等糖类以外，还含有半纤维素、纤维素和木质素的农林副产物，如木屑、麦秸、稻草、棉籽壳、玉米秸、玉米芯、废棉、甘蔗渣、豆秸等均可作为栽培食用菌的碳素营养。

（2）氮源 是食用菌的重要营养源，它是合成菌体蛋白和核酸不可缺少的原料。食用菌主要利用有机氮，如蛋白胨、氨基酸、蛋白质、麸皮、米糠、尿素、豆饼等含氮物质，也能利用少量无机氮，如铵盐。发酵腐熟好的畜禽粪便，也可作为食用菌的氮源。

（3）无机盐 是食用菌生命活动中不可或缺的一类营养物质，主要有磷、钾、硫、镁、钙等，这些元素参与细胞结构物质和酶的组成、能量的转移，并调节培养料中酸碱度。一般农林副产物原料中均含有这些元素，因此，一般不用另行添加。

（4）生长素 食用菌生长发育过程中还需要多种维生素营养，如维生素 B_1、维生素 B_2、烟酸等，需要量很少。维生素在马铃薯、米糠、麸皮、酵母、麦芽中含量较丰富，故含有这些原料的栽培基质中可不必另行添加。

15. 食用菌生长发育主要受哪些环境条件的影响？

食用菌的生长发育需要适宜的环境条件，这些环境条件主要有温度、湿度、空气、光照、酸碱度等。

16. 食用菌生长发育对温度有什么要求？

不同种类的食用菌都有各自适宜的生长发育温度，大多数食用菌菌丝生长适宜温度一般为 $15\sim25\ ℃$，孢子萌发温度略高一点。多数食用菌菌丝较耐低温，$5\ ℃$ 左右存放一般不会影响菌丝活性，但是草菇等高温品种不能低于 $15\ ℃$ 存放。多数食用菌菌丝不耐高温，通常 $40\ ℃$ 条件下，菌丝很快就会死亡。食用菌子实体生长发育阶段适宜的温度因种类不同，差别较大。低的可以在 $10\ ℃$ 左右形成子实体，如平菇等；高的可以在 $35\ ℃$ 形成子实体，如草菇等。

17. 水分对食用菌的生长发育有什么影响？

水分是食用菌一切生命活动所必需的成分，水分对食用菌生长发育的影响主要来自培养料的水分和空气的水分。培养料中充足的水分是菌丝体生长和子实体形成必不可少的因素，一般培养料适宜

的含水量为 $55\%\sim70\%$。空气中的水分对菌丝生长和子实体的生长发育影响也比较大，菌丝生长阶段，适宜的空气相对湿度为 $60\%\sim80\%$。袋栽的食用菌发菌阶段要求空气湿度略低一些，子实体分化和生长阶段要求空气相对湿度达到 $80\%\sim95\%$。

18. 空气对食用菌的生长发育有什么影响？

空气是食用菌生长发育必不可少的重要因素，主要是空气中的氧气和二氧化碳对食用菌的生长发育影响比较大。食用菌一般都是好氧菌，菌丝生长和子实体发育都需要大量的新鲜空气，而子实体的生长发育比菌丝生长需要更多的氧气。菌丝生长期间，需适当通风换气，否则二氧化碳浓度过高，会抑制菌丝呼吸作用，导致菌丝生长缓慢、菌丝活力下降、易染菌等。子实体生长发育期间，需要大量的氧气，要加强通风换气，如果氧气不足，易导致子实体难分化、菇蕾枯萎、畸形、柄细长、易开伞等现象。

19. 食用菌生长发育对光照有什么要求？

光照对食用菌生长发育有非常大的影响，不同食用菌菌丝生长和子实体发育对光照的要求也有很大的区别。大多数食用菌的菌丝生长不需要光照，在完全黑暗的条件下，菌丝可以生长发育良好，或者暗光也可以。但是直射的光照抑制菌丝生长，光照越强，菌丝生长越慢，严重的可能会停止生长。大部分食用菌子实体生长发育阶段需要散射光照射，一定强度的散射光照射，能够刺激子实体原基的形成和正常分化，而且光照还影响子实体的颜色。一般来说，在一定光照强度范围内，光照强度越强，子实体颜色越深。

第二章 食用菌高效栽培技术

一、平菇

20. 平菇的主要特点是什么?

平菇（*Pleurotus ostreatus*）又称冻菌、北风菌、蚝菇，因其菌柄常侧生于菌盖的一侧，故称侧耳，属担子菌门层菌纲伞菌目侧耳科侧耳属。平菇原指糙皮侧耳，现将侧耳属中一些可以栽培的种或品种统称为平菇。

平菇的子实体肥大厚实，营养非常丰富，也是大多数人喜爱的食物。我国地域辽阔，平菇的种质资源非常丰富，各种温型的平菇品种较多。平菇适应性强，生产原料广泛，操作技术简单，生产周期短，经济效益高，适合广大农村推广，是实现周年化、规模化、专业化栽培的主要菇种之一。

平菇子实体

21. 平菇如何选择栽培品种?

优质的菌种是保证平菇优质高产栽培的首要条件。栽培过程中应根据不同的季节和设施条件选择不同温型的品种,夏季高温季节应选中温和高温型品种,春秋季种植应选中温和低温型品种。温型选择合理,出菇期长,出菇潮次数多,产量高。

22. 栽培平菇的原料有哪些?

栽培平菇的主要原料有棉籽壳、玉米芯、木屑、秸秆等。另加入米糠、麸皮、豆饼粉、玉米面等富含氮的有机物。培养料可添加一些生石灰、石膏粉、尿素、轻质碳酸钙、过磷酸钙、磷酸二氢钾等。

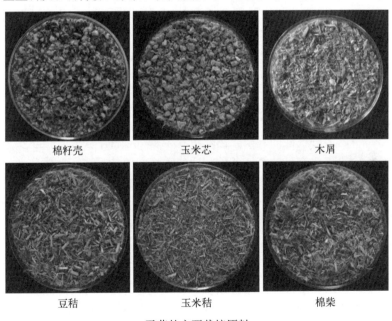

棉籽壳　　　　　　玉米芯　　　　　　木屑

豆秸　　　　　　玉米秸　　　　　　棉柴

平菇的主要栽培原料

23. 平菇生长的适宜温度是什么?

平菇是一种变温结实性菌类,昼夜温差在 8～12 ℃对子实体原基形成具有促进作用。菌丝生长温度范围为 2～40 ℃，15 ℃以下生长缓慢，最适温度为 22～26 ℃。高温型平菇子实体形成温度为 16～37 ℃，适宜温度为 24～28 ℃；中温型平菇子实体形成温度为 5～28 ℃，适宜温度为 15～25 ℃；低温型平菇子实体形成温度为 4～25 ℃，适宜温度为 10～18 ℃；广温型平菇子实体形成温度为 4～35 ℃，适宜温度为 12～26 ℃。保持 10 ℃以上的昼夜温差，能加速菇蕾形成；维持恒温，子实体难以形成。

24. 平菇生长所需要的培养料含水量和空气湿度为多少？

制作平菇菌包的培养料含水量控制在 60%～67%，培养料中加水比例控制在 1：(1.3～1.8)。含水量过大，培养料透气性差，菌丝呼吸、代谢作用受阻，菌丝长势弱，且易遭杂菌污染；培养料含水量过低也不利于平菇菌丝生长。子实体生长所需要的适宜空气相对湿度为 85%～90%。当空气相对湿度低于 50%时，幼菇很快干枯，超过 95%时菇丛虽大，但菌盖薄，易腐烂，并易感染杂菌。

25. 平菇生长对空气的需求是什么？

平菇为好气性的真菌。菌丝可在半嫌气条件下生长，但子实体发育阶段需要充足的氧气条件。通气不畅，不能形成子实体；通气条件差时，只形成菌蕾，不长菇，或是菌柄基部粗，上部细长，菌盖薄小，有瘤状凸起，畸形，严重时造成窒息死亡。因此，注意通风，但不宜直接吹在菇体上，防止因蒸发太快影响子实体生长。

26. 光照条件对平菇生长有什么影响？

菌丝培养阶段需要暗光培养，光线对菌丝生长具有抑制作用，在平菇原基分化和子实体生长发育期间，则需要散射光。一定强度的散射光是诱导平菇原基分化的重要因素。在子实体生长发育阶段需要一定的散射光线，促进子实体正常发育，平菇菇体粗壮、菌肉肥厚、产量高、品质优。平菇子实体正常发育需要的光照强度为 200～1 000 勒克斯。在防空洞栽培时更要注意补充光线，以满足平菇生长发育的需要。

27. 平菇培养料中的 pH 如何调节?

平菇生长适宜的 pH 5.0～6.5,具有一定耐碱性。由于培养料在灭菌或堆积发酵过程中,pH 有下降趋势,配料时可适当偏碱些,一般 pH 为 8.0 左右。

28. 可用于平菇栽培的设施有哪些?

各种塑料大棚、温室、林地拱棚、菌菜双面棚、闲置房棚及通气条件良好的人防工程设施等均可用作菇房。菇房应保温、保湿、通风、防雨、遮阳、密封性好,并利用草帘、遮阳网、草苫等调节温度和光线。菇房内可架设喷淋设施保湿降温。有条件可在菇房两头分别安装风机和湿帘,达到降温、通风和保湿作用。

29. 平菇栽培的季节如何安排?

根据平菇菌丝体和子实体生长对温度的要求,最佳生产季节宜在秋季。秋季前期温度高,后期温度低,且气温下降缓慢,正好与平菇生长发育所需的温度变化趋势相同。早秋栽培一般安排在 8 月下旬,这时栽培出菇早,市场售价高,一般选用广温型品种,采用熟料或发酵料栽培。9～11 月是平菇栽培的黄金季节,温度最为适宜,一般选用广温型、中低温或低温型品种进行熟料或发酵或生料栽培。1～2 月选用中高温型品种进行熟料或发酵料栽培,春季出菇。4 月以后可以采用高温型品种进行发酵料或熟料栽培,夏季出菇。

平菇品种多,有适合于不同温度范围的品种。因此,可结合不同的设施,选用不同的品种,控制适宜的条件,进行周年化生产。

30. 平菇栽培的适宜培养料配方有哪些?

(1) 熟料栽培配方
① 棉籽壳 96%、石灰 2%、石膏 2%。

② 玉米芯 90%、豆粕 6%、磷酸氢二铵 1%、尿素 0.5%、生石灰 2.5%。

③ 木糖醇渣 85%、棉籽粕 3%、麸皮 8%、磷酸氢二铵 1%、尿素 0.5%、生石灰 2.5%。

④ 玉米芯 50%、木屑 22%、麸皮 20%、豆粕 5%、生石灰 3%。

（2）发酵料栽培配方

① 玉米芯 90%、豆粕 3%、磷酸氢二铵 1%、尿素 1%、石灰 5%。

② 玉米芯 43%、木糖醇渣 40%、麦麸 10%、豆粕 3.5%、尿素 0.5%、石灰 3%。

31. 平菇发酵料栽培的培养料如何制备？

按照配方的比例称取原料，拌料至培养料含水量达 65% 左右。将培养料堆制成高 1.0～1.2 米、宽 1.5～2.0 米、长度不限的料堆。建堆后用直径 5 厘米的木棒从堆顶直达堆底均匀打通气孔，孔距 50 厘米。当料温达到 65 ℃时进行第 1 次翻堆，以后每隔 2～3 天翻 1 次，共翻 2～3 次，并补足水分。发酵结束后散堆降温，并调整 pH 7～8。培养料发酵后呈黄褐色至深褐色，并含有大量的放线菌菌丝，具有特殊的香味，含水量在 65% 左右，手感料软且松散，不发黏。发酵料栽培可选 47 厘米×27 厘米的聚乙烯袋，先将袋的一头扎紧，然后装料播种，边装边压，用手压时将袋壁四周压紧，中央稍压，四周紧、中间松、两头紧、中间松，采用三层菌种两层料或四层菌种三层料的装袋方法，两端菌种封面。菌种两头多，均匀分布，中间菌种少，周边分布，最后用绳子扎紧另一端。

32. 平菇熟料栽培的培养料如何制备？

按照配方比例称取原料，调节培养料含水量至 62%～66%，因为棉籽壳、玉米芯、木屑、秸秆较难吸水，开始拌料时，水分适当大一些，混合均匀后堆闷 12～18 小时，培养料含水量达到手握

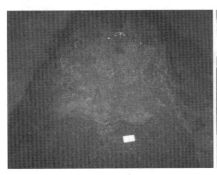

平菇栽培原料的发酵处理

有水渗出但不下滴为宜。

熟料栽培选用规格为（20～24）厘米×（38～45）厘米耐高温低压的聚乙烯或耐高温高压的聚丙烯塑料袋，采用机械或人工装袋。人工装袋时，装料松紧一致，手按料袋有弹性，装至距袋口7～9厘米时，将料面压平，用线绳扎紧。装袋后4小时内进锅灭菌，避免培养料发酸变质，需经常压或高压蒸汽灭菌。常压蒸汽灭菌时，应使灶内温度快速达到100 ℃，并保持12～15小时，停止加热后再利用余热焖锅8小时，出锅后的料袋温度降到28 ℃以下时，及时接种。

33. 平菇的发菌期如何管理？

平菇发菌期主要是控制好发菌温度和通风。平菇菌丝最适生长温度为25 ℃左右，这个温度也适合大多数杂菌的生长。为了发菌安全，发菌温度最好偏低一些。发酵料栽培的料温不宜超过28 ℃，实践证明，20～23 ℃是理想而安全的发菌温度范围。培养温度可通过菌袋堆叠密度和高度来调节，气温超过28 ℃时菌袋宜单层排放到地面，并采取降温措施。在低温季节发菌，可以增加菌袋堆放的高度和密度，并加盖覆盖物，以提高菌袋内培养料的温度。暗光条件下培养，保持空气相对湿度在70%以下，并经常通风换气，保持空气新鲜。

接种后2～3天即可看到菌丝从菌种块上萌发，由于培养料发酵升温，还会使料温上升。为使发菌均匀，5天后应进行翻堆，将上下层菌袋互换位置，使料温保持均衡，发现污染或菌丝不萌发吃料时应及时拣出处理。用玉米芯为原料时，发菌期间要减少翻堆次数，以免菌丝断裂。随时观察料内温度变化，料温应控制在 25 ℃左右，最高不能超过 28 ℃。

菌袋采用扎口方式的，在菌袋培养期间，应进行刺孔通气，促进菌丝生长。可以用牙签或毛衣针刺孔，一般刺在发育好的菌丝顶端后 1 厘米处。通常每圈等距离打 5～6 个孔，孔深 3 厘米左右。经过 20～30 天菌丝即可长满袋。

平菇菌袋发菌情况（左为发酵料栽培，右为熟料栽培）

34. 平菇的出菇期如何管理？

（1）第一潮菇的出菇管理　正常情况下，菌袋培养 25～35 天菌丝达到生理成熟。菌丝吐黄水，表明出菇时机已到，应安排出菇。解掉栽培袋的扎绳，将两端的塑料膜卷起，露出料面。然后将栽培袋放在出菇棚地面上，根据出菇棚的长度和宽度，设置摆放行数，四周和行间留 60 厘米左右的走道。每行栽培袋的高度不要超过 1.5 米，每行排列 2 米左右时可筑一砖垛或立柱，以防栽培袋排放过长而倒塌。

根据平菇品种的温型和季节气温调节适宜的菇棚温度范围，控制棚温适度偏低，可保持一定的昼夜温差，要注意控制菌墙内部菌料的温度不能过高，一般应控制在 26 ℃以下，喷水应注意勤喷、轻喷、细喷，喷头向上，不宜向幼蕾直接喷水和在菇体上多喷水，使空气相对湿度达到 85%～95%，加强通风换气，同时应给予散射光照。随着子实体的增大增多，每天要加大通风量及多次喷水。当子实体进入成熟期，还没有弹射孢子时采收。

（2）后潮菇的管理　第一潮菇和第二潮菇不需向袋料内补水就可正常出菇。第三潮出菇时，由于袋内失水，水又喷不进去，就应采取补水措施。使用专用的补水器进行补水，即用补水器插入菌袋，打开自来水或是水泵进行补水，控制补水时间以免胀袋。补水后进行适当通风，菌丝恢复，几天后会长出第三潮菇。然后按前潮菇管理方法进行子实体生长管理。一般管理较好的平菇能够出菇4～6潮。

平菇出菇情况

二、香菇

35. 香菇的分类地位和形态特征是什么？

香菇［*Lentinus edodes*（Berk.）Sing.］别名香蕈、冬菇、椎

15

茸（日本）。属担子菌亚门层菌纲无隔担子菌亚纲伞菌目伞菌科香菇属。一年生或多年生食、药两用真菌。主产亚洲，是亚洲的主要食用菌之一。子实体群生或丛生，菌盖3~20厘米，早期凸出后渐平展，有时中央稍下凹，早期呈淡褐色，后变为紫褐色，表面有茶褐色或黑褐色鳞片，有时有菊花或龟甲状裂纹。菌肉肥厚、白色、致密，菌褶白色、稠密、弯生，宽约4毫米，过熟或受伤时产生红色或黑色斑块。菌柄中生或偏生，白色，纤维质，常弯曲，有时下方渐细，呈圆柱状或稍扁，长3~6厘米，粗0.6~1.0厘米。菌褶表面上有许多担子或囊状体，密生其上的担子有4个担子梗，每个梗上着生1个孢子，无色，光滑，椭圆形，大小为（6~7）微米×（3.5~4）微米。

36. 香菇的栽培方式有哪几种？

传统的香菇栽培，有斜棒模式、地栽模式、粗短棒架层模式、大棒或小棒架栽模式等。近年来，随着科技人员的不断研究，一种林下培菌香菇栽培模式试验成功，该项技术将成为今后具有林区资源地区的一种新的香菇栽培模式。

香菇的不同栽培模式

37. 香菇栽培用的主料和辅料是什么?

培养料是香菇生长发育的基础,选料是否最优、配比是否合理、掺和是否均匀、干湿度是否合适,直接影响香菇菌丝的生长和产量高低。香菇主料多以栎树木屑居多,桑枝条、苹果树枝条、棉秆等粉碎后也是较好的主料。棉籽壳也可搭配使用。使用麦麸、米糠作为有机氮源、使用石灰粉作为强化渗透剂、使用石膏粉作为缓冲剂、使用化学肥料作为营养元素补充。按配方进行拌料,培养料的含水量控制在60%左右,然后进行装袋、灭菌、接种等。

38. 代料栽培香菇需要怎样配置灭菌锅?

代料栽培香菇,除辽宁以北部分地区可进行生料栽培外,其他地区均应进行熟料栽培。为此,必须提前建造安全实用节能的灭菌灶或灭菌锅。灭菌锅的数量决定于生产规模。目前,国内多采用简易灭菌锅,也就是说没有配套的产汽锅炉。灭菌锅的生产周期为1~2天,容量500~1 000袋的中小型灭菌锅,每天1锅;容量1 000~2 000袋的大中型灭菌锅,每2天1锅。同一个地区一个栽培季节,料袋的生产日期一般为20~30天。若当年计划栽培30 000袋,每天应制料袋1 000~1 500袋。如果灭菌锅的容量为1 000袋/锅,灭菌周期以每锅2天计算,应建2~3个灭菌锅。简易灭菌锅应提前30天左右建造,以保证灭菌效果,延长灭菌锅使用寿命。

39. 制作代料栽培的香菇菌种要考虑哪些问题?

(1) 生产日程安排 菌种应在料袋生产之前培养好,菌龄以60~90天为宜。菌龄太短或太长,接种后定植成活缓慢,不利于提高菌袋成品率。尤其是越夏菌种的成活率低,易感染杂菌,应杜绝使用。菌种生产的具体日期,应根据料筒生产日程确定。

(2) 菌种用量 菌种用量根据实际生产栽培规模所决定,平均每千克菌种可以接种60袋左右。菇农应该提前向菌种厂定购菌种。不宜临时到处求购,"饥不择食"者往往失败。

40. 香菇料袋如何接种?

（1）将接种室进行空间消毒。

（2）将料袋从灭菌锅取出移至接种室，同时注意进行消毒。

（3）准备好胶纸、打孔用的圆锥形木棒、75%的酒精棉球、棉纱、接种工具。

（4）关好门窗，继续消毒 40 分钟。

（5）消毒完成后，接种人员进入缓冲间，穿戴好工作服，向空间喷 75%的酒精消毒后再进入接种间。

41. 代料栽培香菇接种时需要注意的问题有哪些?

代料栽培香菇的接种工作应遵守无菌操作原则。为此，接种前必须进行接种室消毒、菌种预处理等各项工作。

（1）接种室要提前消毒 生产中，常采用福尔马林（甲醛）、过氧乙酸或气雾消毒盒熏蒸消毒，且最好 3 种方法交叉使用。无论采用哪一种方法进行接种室消毒，都必须先认真清扫、擦拭和喷雾降尘。如果采用福尔马林熏蒸消毒，应在使用前 24 小时进行，以保证消毒效果和接种人员的健康与安全。气味太浓时，可以用氨水、硫酸铵或碳酸氢铵吸收室内游离的甲醛分子，然后接种。

（2）菌种的预处理 菌种培养数十天，外面难保无尘无菌，移入接种室（由接种人员带入）前认真进行预处理是减少杂菌污染的重要措施之一。首先逐瓶（袋）挑选，剔除长势弱、有杂菌或有疑问的菌种，将选留的合格菌种进行药浴处理，清洗瓶（袋）外壁。

42. 香菇料袋接种时如何减少杂菌污染?

为了杜绝或者减少接种时的杂菌污染，一是要求接种人员技术熟练、接种操作规范、利索，接种速度快；二是保持接种室内外、接种箱干净卫生，接种人员手、衣帽清洁卫生；三是使用优质气雾消毒，密封熏蒸（消毒）30 分钟；四是选用优质纯培养菌种；五是采用"菌种去头不触摸"的方法对菌种进行预处理，先在接种箱外用消毒液清洗菌种袋表面，用酒精灯灼烧棉塞，然后放入接种箱内与准备接种的料袋一起熏蒸，接种时用小刀将棉塞及下面1厘米厚的菌种轻轻割去，落入预先准备好的塑料袋内，包好，待接种结束后拿出接种箱，整个过程手不能触摸棉塞、套环及打皱的袋口。

43. **春栽菌袋接种后如何进行发菌管理？**

接种后的春栽菌袋建议堆成条，高度10层左右，然后覆盖塑料膜保温。当穴口周围的菌丝长到5～6厘米时脱去外袋，堆成"井"字形或A形，堆高6～8层。脱袋后，第10天进行第1次刺孔，在接种穴周围刺5个孔，深1厘米；第2次刺孔在菌丝互相连住时，每个菌丝斑周围刺12个孔；第3次刺孔俗称"放大气"，在菌袋菌丝长满（完全吃料）10天后，用钉有14颗铁钉的木板在袋面拍打5～6行。每次刺孔后要注意防止菌袋升温烧菌，在5月底前，菌袋无论转色与否都必须搬入荫棚内越夏，避免高温突来引起烧菌。

香菇菌袋发菌管理

44. **香菇菌袋如何进行转色管理？**

脱袋盖膜的前2～4天尽量不要翻动薄膜，维持保湿和恒温。如超过25℃时，要短时间掀膜降温。气生菌丝长至2毫米，可加大通风次数或喷2%的白灰水，促使菌丝倒伏。倒伏后每天掀膜2～3次，每次20～30分钟。此时以手指触菌棒表面有指纹印，表明干湿相宜。在黄水形成初期，要稍延长掀膜时间，也可以轻度喷水1次，待黄水珠大量吐出时用喷枪将黄水珠冲洗掉，通风1～2

小时至菌棒稍干。往复几天，即可完成转色。

45. 春季袋栽香菇如何进行出菇管理？

开春之后是袋栽香菇的盛产期。出菇阶段重点抓住温、湿、气、光四要素的管理，即可获得优质高产，实现增收。管理措施如下。

（1）**温度** 子实体生长发育适温是 5～25 ℃，以 13～17 ℃ 为宜，但春季气候多变，时晴时雨，温度时高时低，管理上要结合不同气候灵活安排。气温高时加盖遮阳物，并加强通风管理，降低棚内温度。低温阴雨时以保温为主，确保菇体正常生长。

（2）**水分** 出菇期水分管理以保湿为主，确保菌包基质含水量 55％～60％ 是夺取高产的首要条件。

（3）**空气** 香菇为好氧性真菌，出菇期需通风换气，保持棚内空气新鲜，菇蕾发生后呼吸旺盛。气温高于 25 ℃，每天通风 2～3 次，并延长夜间通风时间。

（4）**光照** 适宜的光照强度，长出的菇肉厚丰满、色深柄短、品质优，春季"四阴六阳"为宜。

46. 香菇料袋接种后菌丝不吃料的原因有哪些？

（1）**培养料不合适** 培养料的配方不合理，配制不科学，如碳氮比不合理，pH 不适当，料内含有松木、杉木等木屑，都能使菌种块不萌发导致不吃料。另外，如果培养料过干，菌丝也不能长入培养料内部而造成不吃料。

（2）**菌种老化** 在二级菌种和三级菌种的制作过程中，所用的菌种必须是活力强的菌种。如果接入的菌种在不良环境下长期储藏或培养时间过长，造成菌种衰老，引起生活力降低，也会导致菌丝失去生长能力，引起不吃料现象。

（3）**害虫危害** 如果菌种在养菌过程中出现了螨虫、鼠害等咬噬菌块等情况，也会致使菌丝消失。

（4）**环境因子不适** 可能是由于接种后的试管堆放过多，或栽培料堆放过密过紧而导致其内温度过高，抑制了菌丝的正常生长。

47. 香菇料袋接种后菌丝不吃料的防治方法有哪些?

（1）培养基（料）营养搭配得当　培养基的营养成分搭配合理，要选择科学配方，注意料内不能含有松木、杉木等木屑，还要保证培养料的合理含水量。

（2）科学调整 pH　培养料的 pH 对菌丝的正常生长影响非常大。在制作培养基时，按照香菇菌丝体生长所需的最适 pH 进行调整，灭菌后 pH 降至 6.0 左右，正好适合菌丝体生长需要，可培育出健壮的菌丝。

（3）精调环境因子　按要求调整培养室湿度、温度、空气、光照等环境因子至适宜食用菌菌丝体生长的范围，定期检查接种后是否会堆放发热，并及时排除隐患。

（4）菌种在养菌过程中要注意做好防治害虫的工作。

48. 香菇催蕾期间如何进行通风管理?

一般可根据温度状况利用进出口、通风孔等进行通风调控，有条件的可使用强制排风装置；安装水温空调后可对温度、空气进行同步管理，操作更是简单而有效。

49. 香菇如何进行温度管理?

要根据其生物特性进行恰当管理。建议控制在温度下限的偏上范围，尽量不接近上限。如某温型菌株，出菇温度范围为 12～25 ℃，可将温度调控至 15～18 ℃，如此可较好实施管理；如果调控在 15 ℃左右，菇品的内在质量将会更高；如果温度多保持在上限水平，菇品质量将会大打折扣。

50. 香菇如何进行湿度管理?

主要的湿度管理手段就是地面浇灌、墙体喷水、空中喷雾等方法。子实体生长期间，一般需要保持空气湿度在 85%～95%。采收之后、增湿之前湿度往往低于 80%，但是，喷水后往往可以短期达到 100%，不过由于时间短暂，不会对子实体生长产生很大的影响。但若长时间管理不到位，使之连续数日在 70% 以下或保持饱和状态，则会对子实体产生不可逆转影响，或出现不可逆花菇，或干枯死亡，或出现水泡状的菇体等，严重者还会因此而诱发某些病害，对生产造成较大损失。

51. 香菇如何进行通风管理?

菇期菌丝体需氧量增加，子实体更是需要大量氧气供应，通风的同时，应注意温、湿度不可发生剧烈变化。主要措施是加强通风换气，降低菇房内二氧化碳浓度；温度高时，加大通风量和喷水量；温度低时，要增加光照，适当减小通风量或采用间隙通风。

52. 香菇如何进行光照管理?

光照是保证香菇健康生长的必要条件，不能让阳光直射到香菇上。要做好遮阳措施，保证香菇吸收的光照是散射光照。香菇若直接受到太阳光照直射，对香菇生长的影响是非常大的，轻则抑制香菇的生长，重则导致香菇死亡，光照不宜过强，可读书看报的光线即可。香菇原基分化期最适光照是 100 勒克斯，子实体发育阶段最适光照为 300～800 勒克斯，最适波长为 370～420 纳米。蓝光可促进子实体的形成，红光与黑暗都不利于子实体发育。

53. 香菇蕾期怎么管理?

菇蕾阶段，由于子实体处于弱小期，故对各项条件的要求较高，必须加强管理。首先，坚持通风原则，但绝不允许有较强风流掠过菇蕾；其次，保持温度的基本稳定；再次，不可对菇蕾喷水，尤其不得直接对菇蕾喷洒温差大的水，只能对空间喷雾；最后，调控光照强度在 500 勒克斯左右。

54. 出菇时期如何给菇棚内降温和升温?

大棚香菇夏季通过遮阳、通风、浇水、喷灌来降低温度。菇棚的升温方法主要有以下方法。

（1）遮阳网升温法　在菇棚内的顶部拉设遮阳网，将光照挡住，使热量进来。

（2）蒸汽升温法　通过热蒸汽、塑料管道给菇棚加热。这种方法要求有蒸汽锅炉，产生的热蒸汽先通过地下钢管传送到菇棚边缘；进棚以后，在钢管顶端接直径 10 厘米左右的耐高温的聚丙烯塑料软管道，长长的塑料管道沿菇棚内后墙边缘东西向摆放，最顶端自然开放。由于最后有冷凝水，可把冷凝水收集起来，用于菇棚增湿。由于蒸汽的热量很高，塑料袋散热性又好，升温效果非常明显，并且可同时给多个大棚升温。

（3）水温空调升温法　只需安装水温空调，烧燃蒸汽发生炉，设定菇棚温度，开启电源即可。

55. 袋栽香菇转色后不出菇的原因是什么？如何解决？

第一，要选择合适的菌种，注意菌种的温型。第二，菌包含水量太低，菌包出菇时的最适含水量为 60%，若含水量低于 50%，通常难以形成原基。可以采用浸筒补水，如注射、浸泡、滴灌等。第三，转色过度，气生菌丝大量生长，阻碍出菇。第四，培养料中氮素过多造成菌丝徒长，因此建议控制麸皮的用量。第五，转色后菌筒内 pH 偏高，出菇最适的 pH 为 5.0。第六，菇棚内二氧化碳浓度过高，影响出菇，可以增设门窗或减少荫棚覆盖物。

56. 出菇后的菇棚如何处理？

必须进行消毒和灭虫处理。香菇在生长发育过程中，有多种杂菌和虫害发生，棚内有可能积累了多种有害生物。因此，香菇出菇棚在每个栽培季节完成后，需对使用后的菇棚做一些处理。例如，揭棚曝晒、用石灰水喷洒或涂抹进行消毒、更换表层土、密闭杀虫等。

57. 菇棚上可以用的覆盖物有哪些？

菇棚的覆盖物应根据自身条件进行选择，散碎秸秆，如碎麦草等，遮阳效果很好；整秸秆，如玉米秸等；草苫，是最常用的、方便操作的覆盖物；保温被，是最新型的大棚覆盖物；绿色长蔓植物，是民间的最佳遮阳降温覆盖物。

香菇大棚覆盖物

58. 可以保温的菇棚墙体如何选择？

以土墙建棚为最好，其次使用空心砖，往空心里加填炉渣、干土等，效果也不错。进入冬季后，将菇棚北墙外堆上一层厚厚的玉米秸秆，保温效果自然很好。也可以拉上塑料膜护住北墙，然后往塑料膜与墙体的间隙中填塞麦草、稻草等，一则保温，二则还可抵挡雨雪对墙体的侵蚀。

59. 香菇反季节栽培的菌袋培养需要注意哪些问题？

（1）调节温度 定期在料袋间插温度计观察堆温，发菌适宜的温度为 23～25 ℃，高于 28 ℃应加大通风量并同时散堆；温度低于15 ℃，应增温保温。

（2）通风换气 菇棚每天应通风 2～3 次，每次 30 分钟；气温高时早、晚通风，气温低时中午通风。

（3）控制湿度 发菌期间适当保持室内干燥，空气相对湿度以45％～65％为宜。空气湿度过高，容易引起杂菌感染；空气湿度过低，培养料中水分易蒸发，影响菌丝生长。

（4）光线要暗 发菌期间注意遮光，防止强光照射，弱光有利于菌丝生长。

（5）翻堆 堆垛后每隔 5～7 天翻垛 1 次，使料袋受温一致，发菌整齐。若发现有杂菌污染的料袋，应及时将其拣出。

（6）预防鼠害和虫害 防止老鼠咬破料袋，引发杂菌污染。发菌场所要经常灭鼠驱虫。

（7）移送菌袋 当菌丝长满整个料袋后，应及时将菌袋移入出菇场地，进行出菇管理。

60. 香菇反季节栽培的常用培养基配方有哪些？

（1）杂木屑 80％、麦麸 17％、石膏粉 1.5％、蔗糖 1.5％。料水比为 1：1.25。

（2）杂木屑 74.5％、磷酸二氢钾 0.2％、石膏粉 1.5％、麦麸 17％、碳酸钙 0.6％、硫酸镁 0.1％、玉米粉 5％、红糖 1％、食盐 0.1％。

（3）杂木屑 77％、麦麸 17％、玉米粉 3％、石膏粉 1.6％、蔗糖 1％、过磷酸钙 0.4％。

（4）杂木屑 76％、磷酸二氢钾 0.2％、碳酸钙 0.4％、麦麸 18％、玉米粉 3％、石膏粉 1.4％、红糖 1％。

61. 香菇反季节栽培常用的模式有哪些？

（1）工厂化反季节栽培香菇。

（2）林地与果园反季节栽培香菇。

（3）日光温室、塑料大棚内反季节栽培香菇。

62. 香菇反季节栽培常见问题的产生原因及其危害是什么？

反季节栽培自然气温对香菇子实体生长不利。因此，在生产上常误入歧途，造成事与愿违。香菇反季节栽培常见问题的产生原因及其危害表现如下。

（1）保护设施没跟上，菇蕾枯萎死亡 春季接种后，菌袋培养阶段气温由低逐步升高，菌丝生长没有问题，然而进入子实体生长阶段，正值气温最高的夏季。如果利用常规栽培的菇棚，没有增加保护设施，致使生态环境不适宜，造成脱袋后菌筒不转色，或者已经形成的菇蕾枯萎死亡。

（2）**菌株温型不对，菌丝解体** 反季节栽培适用的香菇菌株，必须是中温偏高型或高温型，其菌株特性是抗逆力强，能耐受限定的极高温，并能正常出菇。常因误用中温偏低或中温型菌株，结果进入夏季出菇期，菌丝经不起高温侵袭，造成萎黄松软，最后菌筒解体，子实体难以形成或长出劣质菇。

（3）**菌袋培养失控，错过出菇期** 反季节栽培的菌袋接种一般为1～3月进行，发菌培养2～3个月，进入5月菌袋下田，脱袋覆土出菇。有些栽培户所处的海拔较高，1～2月气温低于10℃，没采取加温措施，致使菌丝生长缓慢，当脱袋期5月已到时，菌丝吃料仅达60%，不符合下田标准，只好继续培养至6月才下田，结果错过1个月出菇期。也有的菇农提前在12月接种菌袋，长至5月时菌丝上半部发生老化，也影响出菇。

（4）**转色管理不合理，菌筒霉烂** 菌筒在转色期需通风与保湿，通风与保湿之间有矛盾。一般误认为要通风就难以保湿，要保湿就不能通风，结果部分菇农将脱袋后的菌筒排放在畦床后，用薄膜罩得密不通风，发生霉烂；也有部分菇农排放菌筒后通风过度，菌筒上部干燥，没有气生菌丝不能转色，便采用天天浇水，甚至浇盐水等极端措施，使菌丝受到严重伤害，导致菌筒霉烂。

（5）**催蕾方法欠妥，菇质低劣** 夏季鲜菇价高，有些菇农为争取快产菇、多产菇，仿照常规栽培方法进行浸筒、拍打催蕾。造成大量菇蕾发生，尽是朵小、肉薄的劣质菇，达不到优质商品菇的标准。

（6）**采菇不及时，产品降级** 夏菇生长较快，当气温18～28℃时，从菇蕾长大成开伞菇只要3～5小时。而常规秋、冬菇需要1～3天，相差极大。菇农习惯每天上午采收，结果留在菌筒上的菇蕾到第2天已变成开伞菇，不符合保鲜出口菇的标准，只好作为普通菜菇烘干，虽然菇体重量增加40%，但商品价格下降50%以上。

63. 香菇反季节栽培的菌筒有什么特点?

（1）瘤状隆起物占整个袋面的 2/3。

（2）手握菌袋时，瘤状物有弹性和松软感。

64. 香菇反季节栽培什么时候脱袋?

（1）菌袋出现褐色色斑。

（2）一批菌袋中，有少数已长出几只小菇。

（3）菌袋需经 80～100 天养菌，达到生理成熟。

（4）整个菌袋完成转色以及接种穴周围及整个菌袋出现不规则小泡隆起，占袋面 2/3 左右。

65. 香菇反季节栽培如何催菇?

反季节栽培香菇，菌筒转色后的催菇（催蕾）方法与常规栽培相似，首先需要温差刺激。白天盖好拱棚罩膜，午夜掀膜降温，拉大昼夜温差。人为催菇方法主要有以下两种。

（1）**拍打催菇法** 菌筒转色形成菌被后，可用竹板或塑料拖鞋底，在菌床表面上进行轻度拍打，给予振动刺激。一般拍打 2～3 天后就大量发生菇蕾。如果转色后菇蕾已经自然发生，则不必拍打催菇。因为自然发生的香菇朵大，先后有序长出，菇质较好。一经拍打刺激后，菇蕾集中涌出，量多、个小，且采收过于集中。

（2）**滴水催菇法** 用压力喷雾器直接往棚顶上方（内侧）薄膜喷水，使水珠往菌筒上滴，刺激菌丝。如是小拱棚，可用喷水壶喷洒淋水刺激。但水击后注意通风，降低湿度，使其形成干湿差。埋地菌筒能自然吸收土壤内的水分，因此，不能像常规栽培一样用清水浸筒催菇，这一点完全不同。无论采取哪一种方式催菇，都必须在晴天上午气温较低时进行。温度较高时强行刺激催菇，出现的菇蕾个小，且易萎缩死亡。下雨天也不宜催菇，以免烂蕾。

三、黑木耳

66. 黑木耳的分类地位、分布与形态特征是什么?

黑木耳(*Auricularia heimuer*)又称光木耳、细木耳、云耳等,在分类上属担子菌门伞菌纲木耳目木耳科木耳属。野生黑木耳广泛分布于温带和亚热带,我国各地均有分布。自然条件下多于夏秋季生长在桑树、槐树、柳树、榆树、柞树等阔叶树的朽木之上。黑木耳子实体胶质,原基期为瘤状物,成熟期单生为耳状或群生成花瓣状,半透明,中心凹,背面常呈青褐色,有绒状短毛,腹面红褐色,有脉状皱纹。子实体直径4~12厘米,厚0.8~1.2毫米,干后强烈收缩。

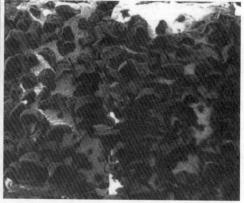

人工栽培黑木耳子实体形态

67. 黑木耳的营养、保健与医药价值有哪些?

黑木耳富含多种营养元素,是一种广受欢迎的传统食用胶质菌。黑木耳中粗纤维含量较高,具有清肠胃作用;黑木耳中的胶质成分有较强的吸附能力,可将人体呼吸系统的灰尘杂质吸附并排出体外，是纺织工人、矿工等在粉尘环境中作业人员的首选保健食品。现代科学研究表明，黑木耳具有抗凝血、抗血栓、降血脂、防止动脉粥样硬化、升高白细胞数量、提高免疫力、抑制过氧化物形成、延缓衰老等作用。

68. 黑木耳生长发育需要的营养条件有哪些？

黑木耳的生长发育需要碳源、氮源、矿质元素以及适量的维生素。黑木耳代料栽培中依靠木屑、玉米芯、豆秸粉、棉籽壳等有机物提供碳源；依靠麸皮、米糠、豆粕、豆粉、酵母汁、蛋白胨等提供氮源。黑木耳菌丝生长所需的最适碳氮比为（30～40）∶1。黑木耳所需的大量矿质元素主要是镁、磷、钾和钙，所需微量元素主要是铁。镁的适宜浓度在 10～30 毫克/升，磷的适宜浓度为 100～150 毫克/升，钙的适宜浓度为 0.5～1.0 毫克/升。

69. 黑木耳生长发育需要的环境条件有哪些？

（1）温度 黑木耳对温度的适应范围较广，菌丝对低温的耐受力很强，可耐受 −30 ℃低温，但不耐高温，长期处于 32 ℃以上，菌丝易老化，40 ℃以上易死亡，菌丝生长适宜温度范围是 22～30 ℃。黑木耳子实体生长的适宜温度范围是 20～28 ℃，在高温条件下，子实体生长速度加快，但耳片偏薄、颜色变浅，低温有利于培养优质子实体。

（2）水分 黑木耳在不同生长发育阶段对水分的要求不同，在菌丝定植、生长阶段，段木基质的含水量以 35%～40% 为宜，代料栽培基质含水量以 60%～65% 为宜，空气相对湿度保持在 70% 以下。在子实体形成和发育阶段除了保持一定的基质含水量外，还需要较高的空气相对湿度，且要求干湿交替，长期干燥或湿度持续过大对木耳生长均不利。

（3）光线 光对黑木耳从营养生长转向生殖生长具有十分重要的作用，在菌丝生长过程中遇到较强的光照刺激，会使菌丝集聚而形成褐色的胶状物，或过早形成原基，并分泌色素，导致无法正常出耳或严重减产。因此，黑木耳菌丝培养应在黑暗环境中进行。当菌丝充分后熟之后，给予大量散射光及一定的直射光刺激，才能诱导原基和耳芽在刺孔处大量形成。光照对黑木耳子实体色泽和品质也有重要影响，在光照强度250～1 000勒克斯下才能形成正常的深黄褐色。光照过弱，耳片易呈淡黄色，甚至白色，耳片偏小偏薄，品质下降。

（4）空气　黑木耳是好气性真菌，对二氧化碳敏感。当空气中二氧化碳浓度超过1%时，会阻碍菌丝体生长，子实体畸形成珊瑚状；二氧化碳浓度超过5%，就会导致子实体死亡。制袋时培养料含水量不宜过高，装料不宜太紧，培养室应定期通风；子实体生长发育过程中，栽培场地应保持空气流通，以保证有充分的氧气供应。

（5）酸碱度　黑木耳喜欢微酸性的环境，在pH 4～7范围内菌丝都能正常生长，最适宜pH 5.0～6.6。段木栽培一般不考虑pH，但应注意喷洒用水的酸碱度。在代料栽培中适当添加石灰、碳酸钙等调整培养基质酸碱度，并缓冲培养基在灭菌前后及菌丝生长过程中的pH变化。

70. 代料栽培黑木耳的主要原料和配方有哪些？

代料栽培黑木耳的原料主要有阔叶树木屑、棉籽壳、玉米芯、糖渣、菌渣、稻草、甘蔗渣等，可根据当地资源就地取材。配制培养基时除上述主料外还常添加辅料，如石灰、石膏、麦麸、米糠、糖等。黑木耳常用栽培配方如下。

（1）木屑77%、麦麸或米糠20%、轻质碳酸钙1%、石膏粉1%、蔗糖1%。

（2）玉米芯颗粒72%、棉籽壳20%、麦麸5%、蔗糖1%、轻质碳酸钙1%、石膏粉1%。

（3）木屑40%、棉籽壳30%、玉米芯颗粒20%、米糠8%、石膏1%、尿素0.5%、过磷酸钙0.5%。

71. 黑木耳代料栽培主要方式是什么?

目前,黑木耳代料栽培以熟料袋栽为主。可在室内或室外进行,室内以大棚吊袋栽培为主,室外既可露地栽培也可林下栽培或和其他作物套种。菌袋一般选用规格为 17 厘米×33 厘米×0.004 厘米的聚丙烯或耐高温低压聚乙烯折角筒袋。常规装料灭菌即可。

黑木耳室内吊袋栽培　　　　　　黑木耳露地栽培

黑木耳林下栽培

72. 代料栽培黑木耳的生产日程如何安排?

我国南北各地气候差异较大,各地可结合当地气候条件选择适宜的出耳季节，并根据菌种形式（液体种或固体种）、栽培基质、菌丝生长所需时间，确定制种、制袋日期。随着液体菌种发酵生产工艺的成熟完善以及菌包生产设施机械化、自动化程度的提高，黑木耳生产逐渐由全程分散生产转向规模化集中生产菌包、分散养菌出耳的模式。规模化生产操作更加规范，基质更加均一稳定、菌包标准化程度更高，污染率降低，菌包成品率和质量大幅提高，并节约了人力、物力。菇农可以方便地根据需要订购菌包，安排出耳生产。

73. 黑木耳品种如何选择？

黑木耳品种选择除考虑品种自身是否具有高产、优质、抗病虫特性外，还应综合考虑市场需求、本地气候特点、栽培方式、培养基质等条件，选择适宜的优良品种。黑木耳栽培有大孔出耳和小孔出耳两种方式。大孔出耳生产的木耳根部多呈疙瘩状，采摘晾晒时需要削根、掰片处理。小孔出耳多为单片耳、无根、肉厚、色黑。黑木耳品种根据子实体朵形可分为菊花状、半菊花状和单片耳。多数菊花状品种即使采用小孔出耳方式，子实体也易连片成朵，难以生产单片耳。因此，采用小孔栽培时要选用适合小孔栽培的品种，大孔出耳可选用菊花状或半菊花状品种。

74. 黑木耳如何划口、催芽？

黑木耳代料栽培通常采用划口定位出菇，集中催芽的方式进行。菌袋划口的方式较多，一般可分为大口和小口（孔）两种方式。大口可采用 V 形人工或机械划口，V 形边长 2.5～3.0 厘米，每袋割 12～15 个口，大口多用于生产朵形较大的大片木耳。小口孔径一般为 0.5 厘米、深 1 厘米、孔间距 2 厘米，每袋割 120～200 个口，小口多用于生产单片耳。

为使催芽整齐，常采用集中催芽方式进行催芽，便于后期管理。将已划口的菌袋直立摆放在耳床上，袋间距 2～3 厘米，上面适当覆盖薄膜、草苫等进行保温保湿。光照和温差刺激有利于黑木耳原基分化和耳芽形成，因此，在集中催芽期应使荫棚中有散射光透入，适当揭膜通风使棚内空气清新并形成一定的温差。集中催芽的 1～3 天，温度以维持在 18～22 ℃为宜；4～7 天，温度应保持在 18～20 ℃，相对湿度以 85%～90%为宜。可用喷雾器在架床四周及空间进行喷雾，不能往菌袋划口处直接喷水。经过 15～20 天的培养，在打孔处形成耳芽。

75. 黑木耳出耳期管理如何进行？

黑木耳出耳期管理主要是协调温、光、水、气的关系，其中以水分管理为主。黑木耳出耳阶段温度控制在 15～25 ℃，适当增加昼夜温差。适当增加散射光并延长光照时间，光照控制在 250～1 000 勒克斯。菌袋摆放密度不可过大，以免子实体粘连和影响通风换气。耳芽初现时，菌袋不需浇水，采取空间喷雾保持空气相对湿度在 80%～90%。随着耳芽长大，需适当浇水。耳片生长期水分管理原则是"干湿交替、大干大湿"。可采用微喷系统根据出耳需要进行定时定量均匀喷水，以节省人力。

四、双孢蘑菇

76. 双孢蘑菇分类地位和形态特征是什么？

双孢蘑菇（*Agaricus bisporus*），别名为白蘑菇、蘑菇和洋蘑菇，属于伞菌目伞菌科蘑菇属。子实体中等大小，菌盖直径 5～12 厘米，初期为半球形，后平展，呈白色，光滑，微干时变微黄色，边缘棕色并向内卷曲。菌肉厚为白色，伤后略带红色，并具有蘑菇特有的香气。菌褶为粉红色，后变为褐色至黑褐色，密集，狭窄，离生，且不等长。双孢蘑菇菌柄长 4.5～9.0 厘米，直径 1.5～3.5 厘米，白色，丝质光亮，近圆柱形，内部松软或中实。菌环单层、白色，膜质，位于菌柄的中部，极易脱落。孢子印为深褐色，孢子为褐色，卵圆形，光滑。

双孢蘑菇子实体

77. 双孢蘑菇的营养成分和药用价值有哪些?

每 100 克鲜双孢蘑菇中大约有 3.7 克蛋白质、0.8 克纤维素、3.0 克糖、0.2 克脂肪、110 毫克磷、9 毫克钙和 0.6 毫克铁。双孢蘑菇中含有种类繁多的核苷酸、氨基酸和维生素等。其中,含有的酪氨酶具有降低血压的功能,醌类多糖与巯基结合,可以抑制脱氧核糖核酸的合成,从而抑制肿瘤细胞的活性。

78. 双孢蘑菇的生长条件是什么?

(1)温度 在 5~33 ℃菌丝生长温度范围内,菌丝体的最佳生长温度范围为 22~24 ℃。子实体的生长温度范围为 4~23 ℃,生长的最佳温度范围为 13~16 ℃。当环境温度超过 19 ℃时,子实体生长迅速,菇柄细长,菌肉变得疏松,菌盖小而薄,且容易开伞;当温度低于 12 ℃时,子实体生长缓慢,菌盖变得大而厚,菌肉紧致,品质好,不容易开伞。发育阶段的子实体对温度变化非常敏感,特别是升温时期。菇蕾形成后至幼菇期如突然遇到高温可致使双孢蘑菇成批死亡,故菇蕾形成期需特别注意温度的变化,严防突然升温,幼菇生长期的温度不得超过 18 ℃。

（2）湿度　在菌丝生长期，生长环境的含水量范围应在60%～63%，子实体生长阶段环境的含水量在65%左右，覆土层的含水量应在50%左右。在传统开架式发菌栽培模式下，对环境的湿度要求较高，应在80%～85%，否则培养基料面或覆土层就会干燥，致使菌丝不能向上生长。在有薄膜覆盖发菌栽培模式下对大气相对湿度的要求相对低一些，应该在75%以下，否则容易受到杂菌的侵染。子实体生长发育期间大气相对湿度在85%～90%，相对较高，但也不宜过高。如相对湿度在95%及以上的时间过长，则极易受病虫害的侵染。

（3）酸碱度　双孢蘑菇生长的最佳 pH 在 7.0 左右，在偏碱性的条件下生长较好。在双孢蘑菇菌丝的生长代谢过程中会有大量的有机酸代谢产物，在配制培养料和覆土的过程中酸碱度控制在7.5～8.0。

（4）通风　双孢蘑菇在生长过程中需要充足的氧气，属于好氧真菌。在菌丝生长期间二氧化碳的最佳浓度应在 0.1%～0.5% 为宜。子实体生长发育期间也需要充足的氧气，二氧化碳的浓度应控制在 0.1% 以下。

（5）土壤　双孢蘑菇在子实体形成期间不但要受到湿度、温度、通风等环境因素的影响，还需要覆土层中某些生物因子和代谢产物的刺激。因此，双孢蘑菇需要覆土才能出菇。

（6）光照　光照是双孢蘑菇在生长发育过程中不必要的。双孢蘑菇在过度光照的环境下菌盖由洁白开始发黄，影响商品的品质。因此，在双孢蘑菇生长发育的各个阶段都要注意控制光照强度。

79. 一次发酵是什么？

一次发酵是与二次发酵技术相比的一种操作简单的基料处理方法，该配方中的原辅料可在室外发酵后用于播种栽培，即一次性完成。一次性发酵的基料 pH 可掌握在 9 及其以下的水平，不能低于7。该技术适合不具备二次发酵处理的广大散户菇民以及合作社等。生产单位或有较大连片栽培面积的、稍具规模的企业，不宜采用该技术。

80. 二次发酵是什么?

二次发酵是将基料的发酵过程分为室外自然发酵和室(棚)内控制发酵两个阶段。栽培基料在室外按一次性发酵方式进行约15天的发酵处理后,携带大量病虫杂菌可不必处理即可将基料移入棚内(室内)进行第二次强制发酵处理。经过快速升温、均衡保温以及快速降温等技术措施后,整个二次发酵操作过程就完成。二次发酵的基料pH可掌握在9~9.5,不能高于10,也不能低于8。就目前的技术水平来看,二次发酵是国内外普遍采用的技术手段,对于预防病虫杂菌,有效提高基料营养转化率,提高双孢蘑菇产量,都有一次发酵技术难以达到的生产效果,值得推广。

81. 前发酵和后发酵是什么?

前发酵是在二次发酵过程中室外进行常规发酵的阶段,该阶段的操作为常温、常规条件,无人为干预,一般操作程序是预湿—建堆—翻堆(间隔时间不等),完成三翻或四翻后,可进入下一阶段的操作,即后发酵。后发酵是在对基料进行完全人工控制的发酵过程,该过程的生产成本较高,与一次性发酵工艺相比,难度较大,不具备一定生产规模和生产实力的菇民一般不采用。

双孢蘑菇后发酵

82. 完成发酵后基料的含水率如何调控?

基料含水率的调控:一次发酵含水率可掌握在 68% 左右,二次发酵应适当降低含水率在 63% 左右,甚至在 60% 左右。由于一次发酵后直接铺发酵料,接触床基后土壤会与基料的水分进行自然平衡,需要经过发菌以及覆土后的发菌等较漫长的时间,基料水分的挥发流失也是必然的;因此,应予适当调高含水率。二次发酵的基料,进入菇棚后还需通入蒸汽并有数日的维持,其间基料会不断地、被动地继续吸水;所以,适度调低进棚前基料的含水率很有必要。

83. 发酵期间怎么逐步加入辅料?

应该按照逐渐加入的方法,一般将复合肥分为 3 次、尿素分为 3~4 次,最后调整指标时才加入轻质碳酸钙和三维精素。

84. 双孢蘑菇的层架式栽培应该如何进行操作?

(1)为保持通风,留通风口,并安装强制排风装置;栽培架作业道宽度不得小于 1 米,层高应在 0.4 米左右。

(2)若栽培架采用竹木结构时,必须要绑扎牢固,以确保安全。

(3)采取二次发酵工艺。

(4)采用自动控温、控湿等措施。应采用传统的管理技术,操作起来比较困难且不能达到管理的要求。

85. 栽培双孢蘑菇的适宜季节是什么?

双孢蘑菇属于中低温结实性菌类,子实体生长的最适温度为 16℃,菌丝体萌发的最适温度是 23℃ 左右。适合在 8 月上中旬安排建堆发酵。当地昼夜平均气温稳定在 20~24℃、35 天平均下降 5℃ 的秋季多为播种期。

双孢蘑菇层架式栽培

86. 双孢蘑菇栽培基质常用配方有哪些?

（1）1 500 千克干牛粪、750 千克稻草、1 250 千克麦秸、250 千克菜籽饼（棉籽饼、豆饼、花生饼）、1 500 千克人粪尿、2 500 千克猪尿、35 千克过磷酸钙、20 千克尿素、30 千克石灰粉、30 千克石膏粉、适量水。

（2）3 000 千克干牛粪、600 千克稻草、900 千克大麦秸、500 千克鸡粪、200 千克饼肥、40 千克过磷酸钙、20 千克尿素、50 千克石灰、70 千克石膏、适量水。

（3）750 千克干牛马粪、1 000 千克稻草、1 500 千克大麦草、250 千克饼肥、25 千克硫酸铵、30 千克石灰、40 千克石膏、40 千克过磷酸钙、适量水。

（4）2 000 千克马粪、2 000 千克稻草、100～120 千克饼肥、10～12 千克尿素、10～12 千克硫酸铵、50 千克过磷酸钙、50～70 千克石膏、35 千克石灰、适量水。

（5）3 000 千克稻草、180 千克豆饼、9 千克尿素、30 千克硫酸铵、54 千克过磷酸钙、25 千克石灰、适量水。

（6）3 000 千克稻草、90 千克豆饼、300 千克米糠或麦麸、

9 千克尿素、30 千克硫酸铵、45 千克过磷酸钙、40 千克石膏、20～25 千克石灰、适量水，碳氮比为 32：1。

87. 双孢蘑菇发菌期间如何管理?

注意通风和保湿，覆土后第 2 天开始调水，反复用喷雾器轻喷、勤喷调水 2～3 天，棚内相对湿度保持在 85％～90％；3～4 天后菌丝定植，逐渐加大通风量；7～10 天后菌丝封面，昼夜加大通风，将菇棚（房）的湿度降低到 75％～80％。

88. 温差刺激怎样进行?

午后高温时段，应适当进行升温调节，达到催蕾温度的最高限值后，立即停止，进入保温阶段；夜间如无特殊恶劣天气时，可打开通风孔使室（棚）温尽量降低，达到要求时立即停止。

89. 秋菇如何管理?

（1）水分管理 秋菇前期，喷水的基本原则是一潮菇喷 2 次水。采菇前后不要喷水，以免影响双孢蘑菇的采收质量和下一潮菇的形成。秋菇后期，气温逐渐下降，出菇量逐渐减少，每平方米喷水 0.5 千克。

（2）温度管理 秋菇前、后期温度高于 18 ℃或低于 12 ℃时，应采取有效的措施降温和保温。

（3）注意通风换气 维持菇房内的温度和湿度。

（4）挑根补土 在秋菇期间，为防止其他杂菌的侵染和害虫的滋生，应及时剔除干枯变黄的老根和死菇，挑根后及时补土。

90. 冬菇如何管理?

（1）水分管理 当温度低于 5 ℃，床面喷水量应减少，每隔 7 天喷水 1～2 次，降低上层湿度，既能保证自然出菇，又能安全地进入冬季"休眠"。

（2）通风换气。

（3）松土、除根、喷发菌水　冬季后期，松土除根后，需及时补充发菌水，用量 3 千克/平方米，1 天喷水 1～2 次。喷水后要适当通风，避免上层水分蒸发。

91. 春菇如何管理？

（1）水分管理　春菇前期应勤喷、轻喷水，日用水量 0.5 千克/平方米。随着温度的升高，喷水量应逐渐增加。

（2）温度、湿度及通风换气的调节　春菇管理应以保温保湿为主，有利于双孢蘑菇的生长，并注意风向，以免土层水分蒸发。

92. 收获一潮菇后如何处理菇棚和补水？

采菇后，随即清理料面，包括死蕾、菇脚、带出的老菌索等，然后填土、整平料面，清洁菇棚卫生。在采菇结束、菌丝体"休养生息"阶段后，出菇前，一次性补足水分为好。双孢蘑菇给水要集中，此后最多就是保持空气湿度，不允许再往料面打水。

五、金针菇

93. 金针菇分类地位、分布及形态特征是什么？

金针菇（*Flammulina filiformis*），中文学名毛柄金钱菌，俗称构菌、朴菇、冬菇等，属担子菌门伞菌纲伞菌目膨瑚菌科冬菇属。野生金针菇在世界各地分布广泛，亚洲、欧洲、北美洲、澳大利亚等地均有野生分布。金针菇属木材腐生菌，野生状态下常生长在构树、柳树、榆树、朴树、白杨树等阔叶树的枯干及树桩上。金针菇子实体丛生，菌盖幼小时为球形或半球形，逐渐展开后呈扁平状，表面有胶质，湿时黏滑，干燥时有光泽，菌盖白色或淡黄色，自然条件下菌盖直径 2～10 厘米；菌肉白色，中央厚，边缘薄；菌柄圆柱形，中空，自然条件下一般长 5～8 厘米，直径 0.5～0.8 厘米，淡黄色，下半部褐色，有短绒毛。担孢子在显微镜下无色，椭圆形或卵形，（5～7）微米×（3～4）微米，孢子印白色。人工栽培

条件下，金针菇菌柄明显变细长，菌盖较小，脆嫩，白色或淡黄色，绒毛少或无。

94. 金针菇的营养成分与食药用价值有哪些？

金针菇菌柄脆嫩、菌盖滑爽，口味鲜美。金针菇氨基酸含量非常丰富，每 100 克干菇中所含氨基酸的总量达 20.9 克，其中人体所必需的 8 种氨基酸占氨基酸总量的 44.5%，尤其是每 100 克干菇中赖氨酸和精氨酸含量分别高达 1.02 克和 1.23 克。赖氨酸具有促进儿童智力发育的功能，故金针菇被称为"增智菇"。经常食用金针菇可预防高血压，对肝脏疾病及肠胃溃疡也有辅助治疗作用。

95. 金针菇生长发育需要的营养条件有哪些？

金针菇的生长发育需要碳源、氮源、矿质元素以及适量的维生素等。金针菇既可吸收利用葡萄糖、蔗糖等简单碳源，也可分解利用淀粉、纤维素、木质素等复杂碳源。代料栽培中依靠木屑、玉米芯、豆秸、棉籽壳、酒糟等提供碳源。金针菇能够以蛋白质、氨基酸、尿素、铵盐等作为氮源，以有机氮为最好，代料栽培中一般在培养料中添加麸皮、米糠、豆粕、豆粉等，以满足对氮素营养的需要。菌丝生长所需的最适碳氮比为 30 : 1。在培养料中一般添加 0.1%～0.2% 磷酸二氢钾、1% 轻质碳酸钙等，以满足对钾、钙、磷等元素的需要。麦麸或米糠等原料中含有丰富的维生素，一般不需要在培养料中额外添加维生素。

96. 金针菇生长发育需要的环境条件有哪些？

（1）温度 金针菇属于低温结实类菇类，原基形成不需要温差刺激。菌丝在 5～34 ℃均能生长，最适生长温度 20～22 ℃。菌丝耐低温能力强，在 -20 ℃经 130 天仍能存活；菌丝耐高温能力弱，在 32 ℃时即停止生长，超过 35 ℃菌丝易死亡。温度偏高时，菌丝长势弱，易形成粉孢子。子实体形成温度为 5～20 ℃，生长最适温度为 5～12 ℃。

（2）水分和空气相对湿度　菌丝生长和子实体发育阶段培养料含水量均以 60%～65% 为宜。菌丝培养阶段空气相对湿度应保持在 50%～70%，原基形成阶段应保持在 80%～85%，子实体发育阶段应保持在 85%～95%。

（3）空气　金针菇属于好气性菌类，各生长发育阶段均需要足够的氧气才能正常发育。但人工栽培中为了促使菌柄伸长、抑制菌盖开伞，需适当提高二氧化碳浓度。

（4）光照　金针菇菌丝生长阶段不需要光照刺激，且光照会诱导原基过早形成，降低产量和品质。原基分化和子实体生长需要弱散射光，光线过强菌盖易开伞。

（5）酸碱度　金针菇菌丝在 pH 4～8 均能生长，最适 pH 为 6～7。配制培养料时，常添加适量轻质碳酸钙、贝壳粉调节培养料酸碱度。

97. 金针菇不同色系品种有何特点？

金针菇根据子实体色泽，可以分为黄色品系、纯白色品系和黄白色品系。黄色品种菌盖为金黄色至黄褐色，菌柄上部颜色浅，为白色至浅黄色，菌柄基部颜色较深，为浅褐色至暗褐色，菇体颜色随光照增强而加深，出菇整齐度稍差，适合多潮次采收。金针菇白色品系子实体通体洁白，对光线不敏感，菌盖内卷，不易开伞，出菇整齐，适合工厂化瓶栽，一次性采收。黄白色品种金针菇，为黄色品种与白色品种的杂交种，菌盖浅黄色，菌柄中上部白色，菌柄根部白色至浅黄色或浅褐色，出菇整齐，头潮菇产量较高。

98. 金针菇常见栽培方式有哪几种？

按栽培容器分，金针菇主要有瓶栽和袋栽两种栽培方式。栽培场地有简易保温大棚、人工智能菇房、山洞、土洞、人防工事等，既可因陋就简，利用自然气温进行季节性栽培，也可在智能菇房中进行周年化生产。金针菇是目前我国工厂化栽培技术最为成熟的菇种，工厂化生产规模已占总产量的 60% 以上。工厂化生产品种以白色品系为主，多采用容量为 1 100～1 300 毫升、口径 80 毫米的透明塑料瓶作为栽培容器；液体菌种定量接种，智能控温、控湿菇房养菌、出菇管理，生产周期 52～55 天，生物转化率随栽培基质、管理技术的不同在 100%～150% 浮动。金针菇工厂化生产自动化程度较高，从培养料搅拌、配制、装瓶、灭菌、接种、搔菌、采收到掏瓶基本实现机械化、自动化操作，大幅度降低人工成本，劳动强度、产品标准化程度较高。

99. 金针菇菌种生产应注意什么问题？

食用菌菌种与植物等的种子不同，其基因稳定性不强，菌种易发生基因突变。金针菇母种来源多采用引进和组织分离获得，这类菌种在经过多次传代后，会出现基因突变的积累，表现在粉孢子增多、出菇期明显推迟、成菇率低、出菇整齐度下降、产量降低等退化现象，直接影响出菇的品质和产量。在大规模生产时，风险极大，为了保持生产的稳定，需不断引进更新菌种。金针菇菌种退化的原因较多，一般认为粉孢子的形成是菌种退化的主要原因。金针菇菌丝生长的温度适应范围较广，在低温下也不会停止生长，但环境稍有变动就会产生粉孢子。为防止粉孢子形成，延缓菌种退化速度，菌种培养时应尽可能保持环境条件尤其是温度的稳定性。金针菇菌种生产的程序是继代培养、扩大培养（平板接种）、三角瓶和发酵罐培养。金针菇菌种制作可采用多支路继代培养平行操作，经常确认、比较菌丝和出菇状态，及时淘汰出现菌丝发黄、徒长、角变、生长变缓、粉孢子增多等退化现象的异常菌株，选择长势最稳定的菌株进行传代使用。所有的菌种都要在菌丝生长期内使用，不能在老化期内使用，以尽量避免粉孢子混入。

100. 金针菇代料栽培常用原料和配方有哪些？

金针菇属于木腐菌，可分解利用多种工农业生产下脚料，代料栽培常用配方如下。

（1）棉籽壳 78%、麦麸或米糠 20%、糖 1%、磷酸钙 1%，含水量 68%。

（2）玉米芯粉 78%、麦麸或米糠 20%、石膏粉 1%、糖 1%，含水量 68%。

（3）玉米芯 35%、麸皮 8%、米糠 36%、棉籽壳 5%、甜菜渣 5%、大豆皮 5%、啤酒渣 4%、贝壳粉 2%，含水量 68%。

101. 金针菇栽培瓶制作应注意什么问题？

制作优质合格的栽培瓶是金针菇生产的基础。目前，金针菇工厂化生产中栽培瓶制作中应注意以下几个问题。

（1）培养基发酵 装瓶、灭菌不及时易造成拌料后、灭菌前培养基发酵，即使随后高温灭菌将有害菌杀死，但其代谢产物仍会残留。因此，为了防止培养基发酵，需要缩短原材料搅拌时间，尤其是应尽可能缩短加水后搅拌的时间；制订严格、精细的生产计划，当日拌料、当日装瓶、当日灭菌，避免培养基剩余。

（2）灭菌不匀 采用抽真空高压灭菌方式对于缩短灭菌时间非常有效，但操作不当，会因锅内局部残留气体，而造成灭菌不均匀。有效灭菌时间要以培养基内达到目标温度为准，一般培养基常压灭菌需保持 98 ℃以上 4 小时，高压灭菌需 120 ℃以上保持 1 小时。要注意锅内排气问题，后期从培养基内流出的气体，会致使锅内局部残留空气，而残留空气具有隔热性，是灭菌不均匀、不彻底的重要原因，因此，采用抽真空灭菌须特别注意抽真空的次数与时间。灭菌时还需注意蒸汽质量，通常蒸汽压力需控制在 1.4～1.5 千克/平方厘米。

（3）倒吸冷气造成污染 栽培瓶灭菌完成后需要放冷，冷气倒吸易造成培养基感染杂菌，这是工厂化栽培食用菌中极易出现的问题。为了避免倒吸污染需注意几个方面：一是灭菌锅温度降至 75～80 ℃时抢温出锅。二是灭菌设备采用一进一出两个门，搬出路径设计合理、避开备料室，保持洁净并充分消毒。三是冷却室内安装除尘过滤器，人员进出冷却室必须穿无菌衣，保持冷却室内洁净。四是利用冷却设备将栽培瓶快速冷却至适宜的接种温度。

102. 金针菇栽培为什么要搔菌？怎样搔菌？

金针菇栽培中搔菌的目的是抑制气生菌丝的生长，促使基内菌丝体由营养生长过渡到生殖生长，并使现蕾整齐一致，以利于栽培管理。当栽培瓶菌丝发满后，去掉瓶盖，用干净消毒后的搔菌刀搔去料面 5～6 毫米的老菌种和菌丝，并用洁净水冲洗料面，以补充水分、平整料面，然后移入催菌室催蕾。

103. 金针菇发菌管理有哪些注意事项？

金针菇工厂化栽培一般设有专门的发菌室，栽培瓶接种后移入发菌室进行菌丝培养。为了提高空间利用率，发菌室菌瓶堆放密度通常较高，如通风不良，发菌过程中，菌丝生长进行呼吸作用产生的大量热量及二氧化碳，无法排出会造成二氧化碳积累，温度升高且不匀，局部过高，进而影响菌丝生长。因此，为了保持良好的空气流动和便于温度控制，应适度控制培养室菌瓶堆放密度，比较适宜的堆放密度为 450～500 瓶/平方米。发菌过程中菌丝呼吸会产生大量热量使菌瓶内料温高于室温，所以一般将室温控制在比菌丝生长适宜温度低 3～4 ℃。不同发菌阶段菌丝呼吸强度不同，一般发菌初期菌丝生长点少，呼吸作用弱，通风换气次数及时间可相对减少。中、后期，随生长旺盛呼吸作用增强以及菌丝绝对数量的增加，热量及二氧化碳排出量均较前期升高，需适当增加通排风次数与时间，将培养室的二氧化碳浓度保持在 0.3%～0.4% 为适宜。发菌过程中不需要光照，可黑暗培养，空气相对湿度应控制在 60%～70%。

104. 金针菇工厂化栽培如何进行出菇管理？

金针菇工厂化栽培出菇管理主要包括催蕾、抑制及伸长期管理。

（1）催蕾 搔菌后将栽培瓶移入出菇室进行出菇管理。金针菇原基形成需要低温刺激，一般在原基分化期将出菇室内温度控制在

14～15 ℃，利用超声波加湿器进行雾状加湿，使湿度控制在95%～98%，通过控制通排风时间及通风量来控制二氧化碳浓度在0.2%～0.3%。原基分化阶段不需要光照。4～5 天可以形成米粒状的原基。

（2）抑制　现蕾后 2～3 天，菌柄长 3～5 毫米、菌盖 2 毫米大小时，可采用低温、弱风、间歇式光照等抑制措施，促进菇蕾生长整齐、粗壮。一般在进入出菇室后 8～9 天进入抑制阶段，温度控制 13～14 ℃；10～11 天温度控制 8～10 ℃；12～14 天温度控制 4～5 ℃，并在菇体上方 50～100 厘米处，用 100～200 勒克斯蓝光间歇性照射，每天 3～4 小时。8～9 天开始以 3～5 米/分钟的弱风吹向菇体，一般每 2 小时通风 10 分钟。抑制期二氧化碳浓度控制在 0.6%～0.8%，空气相对湿度控制在 95%。金针菇的抑制培养需要 5～7 天，一般抑制期结束时菇蕾长至瓶口上方 1 厘米左右。

（3）伸长期　抑制后进入伸长期管理。伸长期主要是促进子实体快速生长，获得色泽、形态正常，生长整齐一致的子实体。当子实体长出瓶口 1.5～2.0 厘米时，需套包菇片，目的是防止金针菇子实体伸出瓶口之后，菇体外倾下垂散乱，使之成束整齐生长；同时套包菇片可增加局部二氧化碳浓度，减少氧气供应，抑制菌盖的伸展，促进菌柄伸长。纯白金针菇伸长期一般不需要光照，可根据出菇的整齐度确定用不用光以及用光的多少。此阶段生长温度控制在 6～8 ℃，二氧化碳控制在 0.4%左右为宜，空气相对湿度应控制在 85%～90%。一般入菇房第 23 天时停止加湿，等待采收。

六、杏鲍菇

105. 杏鲍菇的主要特点是什么?

杏鲍菇（*Pleurotus eryngii*）的子实体单生或群生，菌盖直径 3～12 厘米，菌盖初期凸起，成熟后平展，后期中央凹陷，呈浅盘状至漏斗形。菌肉白色，具有杏仁味，菌盖初期淡灰黑色，成熟后呈浅棕色或黄白色。菌柄中生或偏中生，呈棒状或保龄球状，柄长4～10厘米、粗3～5厘米。杏鲍菇营养丰富，其肉质肥嫩，是一种高蛋白、低脂肪的营养保健食品。杏鲍菇可促进人体对脂类物质的消化吸收和胆固醇的溶解，对肿瘤也有一定的预防和抑制作用。

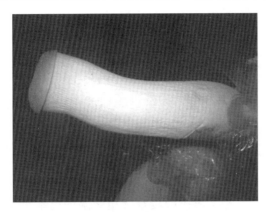

杏鲍菇子实体

106. 杏鲍菇栽培的常用原料有哪些?

栽培杏鲍菇的主料有棉籽壳、玉米芯、木屑、大豆秸秆、甘蔗渣、花生壳等，氮源可选择麸皮、米糠、黄豆粉、豆粕等。无论碳源或氮源，配制时应尽量采用两种以上原料，原料颗粒的大小也以粗细搭配为宜。另外，还应添加少量的石灰、石膏、磷酸二氢钾等。

107. 杏鲍菇栽培常用栽培配方是什么?

（1）棉籽壳55%、木屑25%、麸皮12%、玉米粉5%、石膏1%、石灰2%。

（2）杂木屑70%、麸皮20%、玉米粉7%、石膏1%、石灰2%。

（3）棉籽壳60%、豆秸22%、麸皮15%、石膏1%、石灰2%。

（4）玉米芯 53%、棉籽壳 25%、麸皮 20%、石膏 1%、石灰 1%。

（5）木屑 40%、棉籽壳 20%、豆秸 20%、麸皮 17%、石膏 1%、石灰 2%。

108. 杏鲍菇适宜生长的环境条件是什么？

（1）温度　温度是决定杏鲍菇菌丝生长和子实体发育最重要的因子，杏鲍菇菌丝在 5～35 ℃条件下均可生长，适宜温度为 20～25 ℃。子实体形成和生长的温度范围为 8～20 ℃，适宜温度为 10～18 ℃。当温度低于 8 ℃时，杏鲍菇子实体一般不发生；温度高于 20 ℃时，子实体也难以发生或生长异常，且易发生细菌性病害。

（2）水分和湿度　杏鲍菇较耐旱，培养料含水量控制在 62%～67%，子实体形成阶段空气相对湿度控制在 90%～95%，生长阶段控制在 85%～90%，栽培过程中不宜往菇体上直接喷水。

（3）空气　杏鲍菇菌丝较耐二氧化碳，一定浓度的二氧化碳能刺激菌丝生长。子实体生长发育阶段，新鲜的空气可使子实体发育良好、个大形美，通风不良会导致杏鲍菇发育不好，子实体难以形成，已形成的子实体会变得柄长盖小，甚至不长菌盖，畸形菇形成数量增多。

（4）光照　杏鲍菇菌丝生长阶段需要黑暗条件，子实体的分化和生长需要一定的散射光，适宜的光照强度是 300～800 勒克斯。光线过强会使菇体变黄，菌盖变暗；光线弱，菌盖变浅，菌柄更长。

（5）酸碱度　杏鲍菇菌丝在 pH 5～10 均可生长，适宜的 pH 6.0～7.5，出菇阶段最适的 pH 为 5.5～6.5。

109. 自然季节栽培杏鲍菇的时间如何安排？

杏鲍菇子实体生长的温度范围为 10～20 ℃，根据不同品种的生物学特性，并结合当地气候、设施条件确定栽培时间。在自然气候条件下栽培的，南方地区在秋末至春季出菇，即在 10～11 月和 3～4 月出菇。北方地区利用冬暖大棚栽培，以秋冬季接种、冬春季出菇为宜。若利用控温或工厂化设施进行反季节生产，则可周年栽培出菇，夏季可利用高海拔地区或山洞、恒温库房进行生产，冬季可利用温室大棚或人工控温菇房等进行生产。

110. 自然季节袋栽杏鲍菇的技术要点有哪些?

接种后的料袋采用墙式排放，每堆 5～6 层，堆与堆之间留出间隙，以便通气。如在 8 月下旬接种时气温尚高，需要降低堆放层数，同时上袋与下袋之间应放小竹竿或干净木条相隔，以防"烧菌"。发菌期间保持温度在 25 ℃左右，空气相对湿度在 70%以下，需充足的氧气和暗光。培养期间 10 天左右翻堆 1 次，结合翻堆拣出杂菌污染菌包。发菌过程中不可进行刺孔增氧，否则很容易在刺孔处形成原基。

杏鲍菇菌袋发菌情况

杏鲍菇菌丝满袋后移入菇棚进行催蕾。催蕾方法：将菌袋口打开进行搔菌，用刀刮掉表面的菌种块及老菌皮。将搔菌后的菌袋置于

4℃低温下处理 3 天，然后控制温度 10～15℃、空气相对湿度 90%左右，给予充足的氧气和适宜的散射光，经过 10～15 天即可形成原基。

在菇棚的地面上铺一层砖或做 1 个高 10 厘米的土畦，将搔菌后的菌袋排放其上，可排 5～8 层。垛间留走道 60 厘米宽。走道最好铺一层粗沙，既可保湿，又不泥泞。棚内温度应控制在 12～15℃，低于 10℃，子实体生长缓慢，甚至停止生长。短时间高温对菇的生长尚不能形成较大的不利影响，但若连续 2～3 天温度超过 20℃，特别在高湿环境下，子实体则会变软、萎缩、腐烂。

菇棚内空气相对湿度宜保持在 85%～95%。幼菇期空气相对湿度宜控制在 90%左右，湿度过低，子实体干裂萎缩，停止生长。子实体生长期湿度应保持在 85%以上，但绝对不能长期处于 95%以上。尤其在气温高的情况下湿度更不宜过大，否则易导致菇体发黄，感染细菌，造成菇体腐烂。主要靠喷水增加菇场湿度，靠通风降低菇场湿度。菇蕾形成后，每天喷水 2～3 次，可采用喷雾方式，向空中喷雾及浇湿地面，严禁向菇体喷水。喷水后打开门窗适当通风，以免菌盖表面积水。采菇前 1 天不喷水。

保持通风良好，如果通风不良，子实体易形成树枝状畸形菇，若遇高温、高湿还会腐烂。当气温在 18℃以上时，宜早、晚或夜间进行通风，阴雨天可日夜通风。11 月以后至翌年 2 月底之前，气温低，可适当减少通风；但气温在 14℃以下时，通风宜在中午气温高时进行。

适量散射光可以促进菌柄伸长，如果光线过弱，菌柄粗短，质量下降，但光线过强，菌褶易发黄。

111 杏鲍菇工厂化袋栽的技术要点有哪些?

选用规格为 17 厘米×35 厘米×0.005 厘米聚丙烯塑料袋，熟料栽培。接种后移入发菌房内进行发菌培养。每天检查菌袋 1 次，发现杂菌污染袋及时将其清理出发菌房。接种 25～27 天后菌丝可长满菌袋。

将发好菌的栽培袋移入催蕾室，排放于专用网格架上，将室内温度从 20℃左右逐渐降至 12～15℃，空气相对湿度控制在 85％～90％。移入后第 1 天进行搔菌，搔除穴内老化接种块，保持袋口原状。第 3 天将套环向前轻移 3～4 厘米。第 4 天开始，每天通风 6次，每次 10 分钟，菇房二氧化碳浓度控制在 0.12％～0.15％。6天后原基开始形成，第 10 天左右取下套环，用 15 瓦节能灯光每天照射 12～24 小时，逐渐增加光照，地面保持湿润，直至菇蕾长出。

当菇蕾高度为 2 厘米左右时进行疏蕾。疏蕾前 2 天，将催蕾室二氧化碳浓度调至 0.15％～0.18％，适度撑开并翻卷袋口。用消毒过的不锈钢小刀小心疏去多余的菇蕾，保留 1～2 个优势菇蕾向袋口外伸长。疏蕾后，出菇房温度应控制在 12～14℃，待菇体基本成形后，温度控制在 11～13℃，避免温差过大。子实体生长发育期，菇房空气相对湿度应控制在 85％左右。若需增湿，可开启空间加湿器或向地面适量洒水增湿，勿向菇体上直接喷水。子实体伸长期菇房内二氧化碳浓度调至 0.3％～0.4％。菇盖发育较小多通风，菇盖发育较大少通风。杏鲍菇子实体生长发育需要一定的散射光，菇蕾形成期适当增加光照，幼菇生长至采收期应减少光照，限制菇盖生长，促进菇柄膨大、伸长。

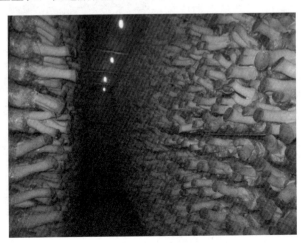

工厂化袋栽杏鲍菇出菇情况

112. 杏鲍菇工厂化瓶栽的技术要点有哪些？

选用规格为 800～1 300 毫升的聚丙烯塑料瓶，采用自动装瓶生产线，培养料要求上紧下松，将菌瓶整齐排放在专用周转塑料筐内，灭菌接种。正常情况下（室温 20～23 ℃），接种后杏鲍菇发满菌瓶时间为 25～28 天，再进行后熟培养 5～8 天，即可搔菌催蕾出菇。将瓶盖去掉，采用机械进行搔菌作业，搔菌厚度为 1.0～1.5 厘米，并使瓶口表层菌料平整，通过搔菌后，有利于出菇整齐。催蕾室将温度控制在 12～15 ℃，喷水提高湿度，使环境中空气相对湿度达到 90%～95%。经过 4～5 天，菌丝恢复生长后，要适当地降低温度和湿度，将空气相对湿度控制在 80%～85%，避免在高湿环境下，引起菌丝体徒长，以免气生菌丝体上扭结形成原基。此时增加光照，使菇房光线明亮。经过 7～10 天后，便可形成原基，即在瓶口上出现白色块状物，然后将瓶口向上排放在出菇床架上。为了避免喷水保湿时瓶内进水，可在瓶口上覆盖一层纸，每次喷水时直接在纸上洒水，保持纸湿润，就可保持所需湿度。

子实体生长期间要将温度控制在 15～17 ℃，最高温度不得超过 20 ℃，最低温度不得低于 10 ℃。喷水保持空气相对湿度在 85%～90%，喷水时注意不要将水喷入瓶口内，使用加湿器或喷雾器喷出细雾水进行保湿为好。温度超过 20 ℃时，不能将水喷在子实体上，否则会出现细菌性病害。此外，要保持出菇房内空气新鲜。若通风不良，则子实体生长不良，长成畸形菇，光照强度以 500～

工厂化瓶栽杏鲍菇出菇情况

800 勒克斯为宜，即保持菇房内光线明亮。

113. 杏鲍菇的再出菇管理怎样进行？

第一潮菇采收后，应及时清理料面，停水养菌 4～5 天，再调节好菇房的温湿度和通风等条件，还可出第二潮菇。杏鲍菇的产量主要集中在第一潮菇，约占总产量的 70% 以上；第二潮菇朵型小，菌柄短，产量低。故工厂化栽培只采收一潮菇。如将采收一潮菇的菌袋再脱袋覆土栽培，可明显提高二潮菇的产量。

114. 杏鲍菇菌渣的主要利用途径有哪些？

杏鲍菇菌渣中不但含有大量的营养物质，而且还存在着多种微生物、多糖类物质、有机酸类物质、酶及生物活性物质，在种植业、养殖业、环境修复、植物保护等领域都具有广泛的应用潜力。杏鲍菇菌渣可以再利用种菇，加工成有机肥料和土壤改良剂，制备蔬菜的育苗基质和栽培基质，生产动物饲料，开发活性物质等。通过建立菌渣综合利用技术体系，将农业废弃物高效生产食用菌与绿色种植、生态养殖有机衔接，实现产业链条的延伸和高效增值。

七、毛木耳

115. 毛木耳分类地位、分布与形态特征是什么？

毛木耳［*Auricularia polytricha*（Mont）Sacc.］又名粗木耳、大木耳、黄背木耳、厚木耳、琥珀木耳、紫木耳等，分类上属担子菌门伞菌纲木耳目木耳科木耳属。与黑木耳同属不同种。野生毛木耳在世界各地广泛分布，我国各地均有报道，多生长在臭椿、锥栗、栲树、柿树、杨树、柳

人工栽培毛木耳子实体形态

树、桑树、洋槐等阔叶树的朽木上。毛木耳子实体初期杯状，渐成耳状或叶状，黄褐色并附有白色绒毛。成熟子实体胶质、脆嫩，光面紫褐色，晒干后为黑色，毛面白色或黄褐色。耳片有明显基部，无柄，基部稍皱，耳片成熟后反卷。鲜耳直径 8～43 厘米、厚度 1.2～2.2 毫米。

116. 毛木耳的营养、保健与医药价值有哪些?

毛木耳质地脆嫩，口感爽滑、营养丰富，是一种传统山珍。中医认为，毛木耳具有滋阴壮阳、补气活血等功效。据研究，每百克干毛木耳蛋白质含量可达 8～15 克、脂肪 0.9～1.0 克、膳食纤维 25～26 克、还原糖 1～3 克。毛木耳含有适量的粗纤维，能促进人体胃肠的蠕动、有助消化功能；毛木耳富含胶质及磷脂类物质，可以吸附消化系统内不溶性纤维；现代科学研究表明，毛木耳子实体多糖等提取物具有较高的抗肿瘤活性和免疫调节功能。

117. 毛木耳生长发育需要的营养有哪些?

毛木耳的生长发育需要碳源、氮源、矿质元素以及适量的维生素等。代料栽培中依靠木屑、玉米芯、豆秸、棉籽壳等有机物提供碳源，菌丝优先利用木质素，在原基形成后开始利用纤维素和半纤维素。能够以蛋白质、氨基酸、尿素、铵盐等作为氮源，以有机氮为最好，代料栽培中一般在培养料中添加麸皮、米糠、豆粕、豆粉等，以满足对氮素营养的需要。菌丝生长所需的最适碳氮比为 25∶1，子实体生长阶段适宜的碳氮比为（30～40）∶1。在培养料中一般添加 0.1%～0.2% 磷酸二氢钾、1% 石膏粉、1%～2% 石灰等，以满足对钾、钙、磷等元素的需要。麦麸或米糠等原料中含有丰富的维生素，一般不需要在培养料中额外添加维生素。在培养基中添加低浓度的三十烷醇等生长素，对毛木耳菌丝生长有促进作用。

118. 毛木耳生长发育需要的环境条件有哪些?

(1) 温度 毛木耳是中高温、恒温结实类真菌,原基形成不需要温差刺激。菌丝在 5~35 ℃均能生长,最适生长温度 25~28 ℃。白背毛木耳原基分化和子实体发育的温度范围为 13~30 ℃,最适温度为 18~22 ℃;黄背毛木耳原基分化和子实体发育的温度范围为 18~32 ℃,最适温度为 22~28 ℃。

(2) 水分和空气相对湿度 菌丝生长和子实体发育阶段培养料含水量均以 60%~65%为宜。菌丝生长阶段空气相对湿度应保持在 70%以下,原基形成阶段应保持在 80%~85%,子实体发育阶段应保持在 85%~90%。干湿交替有利于毛木耳优质高产。

(3) 空气 毛木耳是好气性真菌,环境中二氧化碳浓度超过 1%,就会抑制菌丝生长,并使子实体畸形。因此,必须加强通风,保持栽培场所氧气充足。

(4) 光照 毛木耳菌丝生长阶段不需要光照刺激,且光照会诱导耳基过早形成,降低产量和品质。原基分化和子实体生长需要散射光,黑暗下原基难以形成。光照强度为 1 000~1 250 勒克斯时,耳片颜色正常。当光线较弱时,耳片颜色较浅,产量低,质量差;光线过强,子实体生长缓慢,产量低。

(5) 酸碱度 毛木耳菌丝在 pH 5~10 均能生长,最适 pH 为 6~7。配制培养料时,添加适量石灰,上调培养料 pH,能够降低杂菌污染。

119. 栽培毛木耳常用的原料和配方有哪些?

适合栽培毛木耳的原料很多,杂木屑、棉籽壳、蔗渣、稻草、玉米芯等都可作为主料来栽培毛木耳,各地可根据原料资源情况选择。常用配方如下。

(1) 棉籽壳 41.8%、玉米芯 30%、杂木屑 18%、麦麸 8%、磷酸二氢钾 0.2%、石灰 1%、石膏 1%。

(2) 玉米芯 47.8%、杂木屑 35%、麦麸 15%、磷酸二氢钾

0.2%、石灰1%、石膏1%。

（3）木屑87%、麸皮或米糠10%、石灰2%、石膏1%。

120. 毛木耳品种和安排栽培季节如何选择？

毛木耳按照背部绒毛层颜色不同，分为白背毛木耳和黄背毛木耳两大类。黄背毛木耳子实体腹面黄褐色，耳片干制后腹面呈黄褐色，主要在四川、河南、江苏、山东等地栽培，主栽品种包括黄耳10号、川耳1号、琥珀等。白背毛木耳子实体腹面呈褐色或黑褐色，耳片干制后腹面呈黑褐色或黑色，主要在福建地区栽培，主栽品种是43系列。

白背毛木耳原基分化和子实体发育的温度范围为13~30℃，最适温度为18~22℃；黄背毛木耳原基分化和子实体发育的温度范围为18~32℃，最适温度为22~28℃。自然条件下，毛木耳的栽培周期一般为7~8个月，以日平均温度15~20℃的时节为出耳期来推算适宜的制种与栽培袋生产时间。一般四川黄背毛木耳制袋时间为11月至翌年3月，出耳采收时间为翌年4月下旬至10月。河南、山东黄背毛木耳制袋时间为2~3月，出耳采收时间为6~8月；白背毛木耳制袋时间为12月至翌年1月，出耳采收时间为翌年5~7月。福建白背毛木耳制袋时间为8~10月，出耳收获时间为12月至翌年3月中旬。

121. 毛木耳主要栽培方式是什么？

毛木耳的栽培方式比较多样，室内、室外均可栽培，可选用简易大棚，也可利用林下遮阳栽培，可菌墙式栽培，也可吊袋、层架式或畦床地栽，以菌墙式栽培最为常见。毛木耳的菌袋制作包括培养料配制、装袋、灭菌、冷却、接种等步骤。培养料准备好后，可以立即装袋，也可以保温发酵3~5天后再装袋。一般选用（17~20）厘米×（37~45）厘米低压聚乙烯塑料袋，厚0.004厘米，常压灭菌，或采用耐高温聚丙烯塑料袋，高压灭菌。如果立袋出耳、林下栽培，可采用17厘米×33厘米聚丙烯袋。手工或机械装袋要求松紧适中，装袋过松，一捏即扁，菌丝生长稀疏；装袋过紧，会影响菌丝生长速度。松紧标准是用手指按住装满料的菌袋稍用力按压，其凹陷过一段时间能够基本复原。

122. 毛木耳菌袋如何划口与催芽？

将长满菌丝的菌袋适时移入出耳棚，根据季节做好适时开袋工作，一般以 5 天平均气温稳定在 23 ℃ 的日期，作为开袋出耳期。采用消毒刀片划口或割袋，准备催芽。黄背木耳菌袋催芽前，一般用锋利刀片在菌袋两端或四周划口，每袋划 3～5 个，深 1～2 毫米，直径 1.5 厘米。白背木耳常采用菌袋一端催芽的方法，即用刀片割去菌袋一端的塑料袋。催芽时应在大棚内喷雾状水，少量多次，使棚内空气湿度保持在 85%～95%，同时温度保持在 20～25 ℃，适当通风，使划口处始终处于湿润状态。2～3 天菌丝开始愈合发白，孔口处出现白色点状物，逐渐发育成耳基和耳芽。

123. 毛木耳如何进行出耳期管理？

菌袋划口后 12～15 天，当耳基长至小拇指大小时，进入出耳期管理。毛木耳出耳期应注意保持出耳温度在 15～25 ℃，并有较充足的散射光；采用微喷方式，向空中喷雾，干湿交替进行水分管理。喷水后注意立即通风，使菌袋表面逐渐干燥。当耳片背面泛白、绒毛呈白色、耳片边缘稍有卷曲时，开始喷水。一般有风天勤喷，晴天多喷，阴天少喷，雨天不喷。

124. 毛木耳采收与间隔期如何管理？

采收前 3～5 天应减少喷水，当耳片腹面的粉状物逐渐消失，背面绒毛稀少，外观色泽变浅，耳基变柔软，耳片边缘下垂、呈波浪状、耳边变薄、颜色由紫红转为褐色时即可采摘。采摘时，用手指捏住耳片基部，将耳片轻轻扭动一下即可，采收时间最好在晴天。白背毛木耳采后及时晒干，储藏。黄背毛木耳采收后，通常先用水冲洗，然后晾晒，储藏。采后停止喷水 3～5 天，菌丝恢复生长后，进入下茬耳的出耳管理。

八、草菇

125. 草菇的分类地位是什么?

草菇 [*Volvariella volvacea*（Bull. ex Fr.）Sing.]，又名中国蘑菇、兰花菇、美味苞脚菇、稻草菇等，属真菌门担子菌纲伞菌目光柄菇科苞脚菇属。

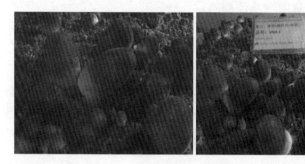

草菇子实体

126. 草菇的营养价值和药用价值有哪些?

草菇菇肉洁白肥嫩，鲜美可口，营养丰富。富含蛋白质，每100 克干菇中含粗蛋白 33.77 克。草菇含有合成蛋白质需要的17 种氨基酸，特别是人体必需的 8 种氨基酸含量丰富（占草菇氨基酸总量的 40.47%～44.47%）。鲜草菇含维生素 C 206.27 毫克/100 克，比富含维生素 C 的水果、蔬菜高很多。它对人体健康十分有利，可促进新陈代谢，加速伤口的愈合，提高机体的免疫力。此外，草菇中还含有一种异种蛋白质，可以增强机体的抗癌能力。

127. 草菇子实体的形态特征有哪些?

草菇子实体丛生或单生。成熟的草菇子实体由菌盖、菌褶、菌柄和菌托组成。草菇子实体菌盖呈钟形，成熟时平展，表面平滑，灰褐色或鼠灰色，菌褶着生于菌盖的底面，与菌柄离生，呈辐射状排列，肉红色。菌柄与菌托相连接，菌柄白色，内实，含较多的纤维素，上细下粗。菌托是子实体发生初期的保护物，称为包被，初期包裹着菌盖和菌柄，后期菌柄伸长，包被破裂后残留于菌柄基部，像一个杯子托着菌柄，形如苞脚，呈灰白色。

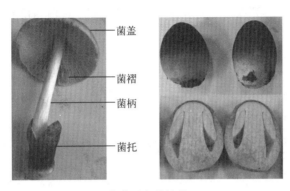

草菇子实体结构

128. 草菇主要栽培品种有哪几类？

草菇按照子实体颜色不同分为两大品系。一是深色草菇，主要特征是未开伞的子实体包皮为黑色或鼠灰色，子实体椭圆形，不易开伞，基部较小，容易采摘，对温度变化特别敏感。二是浅色草菇，主要特征是未开伞的子实体包皮灰白色或白色，皮薄，易开伞，菇体基部较大，出菇快，产量高，抗逆性较强。

按照子实体的大小，草菇又分为三个类型：大型种、中型种、小型种。一是大型种，单个重约 30 克以上。二是中型种，单个重 20～30 克。三是小型种，单个重 20 克以下。制干草菇，一般选用大型种或中型种；制作罐头用，一般选用中、小型种；鲜售草菇，一般对个体大小要求不严格，可根据需要选择合适的栽培品种。

129. 草菇生长发育所需的碳源和氮源有哪些？

碳源是草菇生命活动的能量和生长发育的主要营养源。草菇只能利用有机态的碳源，主要是单糖、二糖、寡糖及多糖，具体包括葡萄糖、蔗糖、麦芽糖、淀粉、半纤维素和纤维素等。凡含纤维素、木质素的原料，如麦秸、稻草、棉籽壳、玉米秸、玉米芯、废棉、酒糟、甘蔗渣、糖渣、菌渣、豆秸等均可作为栽培草菇的碳素营养。

氮源是草菇的重要营养源，它是合成菌体蛋白和核酸不可缺少的。主要利用有机氮，如蛋白胨、酵母粉、氨基酸、蛋白质、麸皮、米糠、含氮有机物、各种饼肥、粪肥等含氮物质，也能利用少量无机氮，如铵盐。草菇不能利用硝态氮，如硝酸钾、硝酸钙等。草菇栽培最好不要使用铵态氮，因为容易产生氨气，培养料氨气重的时候，容易发生"鬼伞"。

130. 草菇菌丝生长发育和出菇对温度的要求有哪些？

温度是草菇菌丝体生长和子实体形成的重要因素。草菇菌丝在20～40 ℃温度范围内都能生长，最适温度为32～35 ℃，高于40 ℃或低于15 ℃，菌丝生长受到抑制，10 ℃时停止生长，低于5 ℃则迅速死亡、自溶。草菇子实体生长的最适温度为30～35 ℃，在适温范围内，温度偏低时，菇体发育慢，但菇体大而质优，不易开伞。温度小于20 ℃或大于45 ℃，难以形成子实体。草菇属恒温结实型食用菌，子实体原基的形成不需要低温刺激，子实体发育期如果温差过大，会导致小菇蕾萎缩腐烂。

131. 草菇菌丝生长发育和出菇对湿度的要求有哪些？

水不仅是草菇机体的重要组成成分，而且是新陈代谢等生命活动不可缺少的。草菇菌丝生长时培养料的含水量70%～75%为宜。发菌期空气相对湿度适宜75%左右，湿度过低易导致料内水分散失过多，影响出菇；而空气湿度过高，易发生杂菌污染。子实体发生和生长时，要求空气相对湿度80%～95%，如果湿度高于95%，菇体易变褐色，品质下降，且容易引起杂菌和病虫害发生，而在80%以下时，菇体生长受到严重抑制，菇体容易干枯、老化。

132. 草菇菌丝生长发育和出菇对培养料酸碱度的要求有哪些?

草菇菌丝喜偏碱性环境,在 pH 5～10 均能生长,最适 pH 为 7～8,偏酸性的培养料对草菇菌丝和菇蕾生育均不利。

133. 草菇菌丝生长和出菇对光照的要求有哪些?

草菇菌丝生长阶段受光照影响比较小,一般不需要光线,黑暗条件下菌丝生长旺盛。而子实体生长发育需要光照,一定的散射光能促进子实体形成和生长发育,强烈的直射光会抑制子实体的生长发育,一般需要 500～800 勒克斯散射光照即可。

134. 草菇菌丝生长和出菇对新鲜空气的要求有哪些?

草菇属好氧性真菌,无论是菌丝生长或子实体生长发育,都需要新鲜的空气。菌丝生长阶段需氧量略少,而子实体生长发育需要充足的氧气。如果通风不良,菇房内氧气不足,二氧化碳积累过多,会抑制子实体发育。

135. 草菇的主要栽培方式有哪几种?

按照栽培场所和出菇方式可分地栽和立体床栽。地栽主要是指在大棚等设施内的地面上进行整畦，直接将原料铺设在地面上，然后进行栽培生产的方式；床栽主要是指在控温菇房、菇棚等设施内安装栽培床架，将原料铺设在各层床架上面，然后进行立体栽培生产的方式。

按照生产季节可分为季节性栽培和周年栽培。季节性栽培主要是指利用季节更替的气候条件，在夏季高温时节进行栽培生产；周年栽培主要是指在控温菇房等设施内进行不间断生产。

136. 草菇栽培场所与设施主要有哪些?

草菇栽培可在室外，也可在室内利用空闲房或其他菇房进行。室外常用的栽培设施有塑料大棚、地棚、阳畦，也可利用蔬菜塑料大棚栽培，还可在果园、林地、休闲田中整畦搭棚栽培，或在高架蔬菜（如黄瓜、芸豆、丝瓜等）行间栽培，也可在控温菇房内进行周年栽培。

137. 草菇栽培的主料和辅料有哪些?

主料有棉籽壳、废棉、稻草、麦秸、甘蔗渣、豆秸、玉米芯等，以废棉最佳，棉籽壳次之，麦秸、稻草等稍差。工厂化食用菌菌渣亦可用于草菇栽培。常用的辅料有畜禽粪肥、麦麸、米糠、饼肥、磷肥、复合肥、尿素、石膏粉、石灰等。营养辅料的用量要适当，培养料中氮素营养含量过高，易生杂菌，易使菌丝徒长，造成减产。生石灰可补充钙元素，还可调节培养料的 pH，辅助去除秸秆表面蜡质、软化秸秆等。麦麸、米糠、饼肥和玉米面均要求新鲜、无霉变和无虫蛀。畜禽粪便类辅料，一般多用马粪、牛粪和鸡粪等，畜禽粪便要充分发酵、腐熟、晾干、砸碎、过筛备用。

138. 草菇栽培料的配方主要有哪些?

以下是常用的配方，也可以根据当地的原料情况适当调整。

（1）棉籽壳 97%～95%、石灰 3%～5%。

（2）棉籽壳 90%、麦麸 5%、尿素 0.4%、磷肥 0.6%、石灰 4%。

（3）棉籽壳 70%、稻草或麦秸 20%、石灰 3.5%、碳酸钙 3%、草木灰 3%、尿素 0.5%。

（4）废棉 80%、麦秸或稻草 10%、麦麸 5%、尿素 0.4%、磷肥 0.6%、石灰 4%。

（5）稻草 88%、麸皮 5%、尿素 0.4%、磷肥 1.6%、石灰 5%。

（6）干稻草 53%、稻草粉 30%、干牛粪 15%、石灰 1%、石膏粉 1%。

（7）麦秸 90%、麸皮 5%、尿素 0.4%、磷肥 1.6%、石灰 5%。

（8）麦秸或玉米秸 70%、麸皮 5%、粪肥 20%、石灰 5%。

（9）玉米芯或玉米秸 90%、麸皮 5%、尿素 0.5%、过磷酸钙 1%、石灰 3.5%。

（10）甘蔗渣 87%、麸皮或米糠 10%、石灰 3%。

（11）杏鲍菇菌渣或金针菇菌渣 60%、粪肥 15%、玉米芯 20%、石灰 5%。

以上各配方栽培料均需堆制发酵处理，发酵前料水比调至 1:1.8，

pH 8.5~9.0。

139. 草菇栽培的工艺主要有哪几种? 其主要工艺流程的环节有哪些?

草菇栽培工艺主要分为3种:生料栽培工艺、发酵料栽培工艺和熟料栽培工艺。目前常用的、规模比较大的是发酵料栽培工艺。

(1) 生料栽培工艺流程　整理畦床→稻草/麦秸预湿→扭草把→堆垛→播种→菌丝培养→覆土→出菇期管理→采收。

(2) 发酵料栽培工艺流程　原料预处理→培养料配制→室外一次发酵→菇房进料→室内发酵（巴氏灭菌）→播种→菌丝培养→出菇期管理→采收。

(3) 熟料栽培工艺流程　原料预处理→培养料配制→菇房进料→常压灭菌→播种→菌丝培养→出菇期管理→采收。

140. 草菇的栽培料发酵过程一般如何处理?

草菇是典型的草腐菌,培养料一般都要进行预湿和发酵处理,尤其是最近发展起来的室内床架栽培,其培养料都要经过室外发酵和室内发酵（巴氏灭菌）。

(1) 预湿　选取地势较高、平坦硬化、朝阳的场地,将原、辅料按配方混匀,边混匀边加水,待水外溢时,停止加水,堆制8~10小时;然后边翻堆边加水,再堆制8~10小时,使原料充分吸水至含水量70%以上。

(2) 室外发酵　将预湿好的栽培原料建成高50~60厘米、宽1.0~1.5米、长2米以上的料堆进行发酵。料堆表面间隔50厘米打透气孔,透气孔直径12~15厘米。发酵料温达到60℃以上,保持24小时,第1次翻堆,待温度再次升到60℃,保持24小时,进行第2次翻堆,待堆温第3次升到60℃时,保持12小时,料堆翻匀,然后趁热装运到菇房内,进行巴氏灭菌。

(3) 巴氏灭菌　将室外发酵的栽培原料移入经消毒过的控

温菇房，在床架上均匀铺料，厚约15厘米，关闭门窗，待料温升至45℃，对菇房辅助加热升温；使料温迅速升到70～75℃，保持10～12小时；再将料温稳定在55℃，维持6～8小时后停止加热；待料温降到45℃，开始通风换气，散去二氧化碳、氨气等有害废气，并使料温降至40℃以下，准备播种。发酵好的培养料质地疏松，无氨味、异味，有白色放线菌和淡淡的菌香味。

141. 草菇培养料在发酵过程中需要注意什么？

培养料发酵直接影响到草菇的出菇产量和品质，培养料发酵过程中需要注意以下几点。

（1）原料预湿要充分、均匀，加水后适当堆闷、补充水分，否则容易导致发酵不彻底。

（2）发酵过程中要注意防虫、防蝇等，尤其是室外发酵，适当喷洒杀虫剂，覆盖遮挡物。

（3）翻堆要充分、均匀，翻料时要做到内外均匀、上下均匀。

（4）发酵料进入菇房前和播种前，要充分散去二氧化碳、氨气等有害废气。

（5）发酵结束后，要及时降温，及时播种，避免滋生杂菌。

142. 草菇播种方式有哪几种？

常用的播种方式有4种，即撒播、穴播、层播、条播等。撒播就是将菌种均匀撒在料面上；穴播就是在料面上均匀打孔，将菌种塞入孔穴内播种；层播就是铺一层料，铺一层菌种，再铺上料；条播就是在料面上划一条沟穴，撒上菌种。通常接种方式可以采用一种方式，或者两种方式相结合。

接种一定要及时，但料温不能超过38℃；接种量要适宜，一般是湿料重的0.5%～3.0%，具体接种量根据栽培料和菌种萌发能力而定；接种后要适当压平整料面，以便菌种与培养料充分接触。

143. 草菇发菌过程如何管理?

（1）适宜的温度是草菇栽培成败的关键，播种后，要控制菇房气温 30～32 ℃，控制料温（堆温）为 33～35 ℃。要每天观测料堆中心的温度，料温超过 40 ℃，要及时通风散热。

（2）做好保湿与增湿工作，使料堆含水量保持在 70%～75%，空气相对湿度保持在 75%～80%。如湿度不够时，可向菇棚喷雾、向畦床沟内灌水，保持适宜的空气湿度和培养料含水量。

（3）适当通风与光照，在菌丝生长期不需要光照，光线宜暗些，需要适当通风，维持二氧化碳浓度在 2 000 毫克/千克以下。

144. 草菇出菇管理的技术要点有哪些?

（1）播种后，在适宜条件下经过 6～8 天的发菌管理，待菌丝长满料面以后，在料面上喷洒适量出菇水，当见有白色菇蕾出现时进入出菇管理。

（2）控制适宜温度，出菇时料温维持在 32～35 ℃，菇棚室温维持在 30～32 ℃为宜。出菇期温度控制低一些，子实体生长慢，菇肉厚实，品质好。

（3）保持一定湿度，出菇期空气相对湿度以 85%～90%为宜。湿度过高菇体易腐烂、发生病害；湿度过低，菇体发育受阻，影响产量和品质。

（4）适当通风供氧，子实体生长阶段，呼吸作用加强，消耗大量氧气，要加强通风换气，及时排出二氧化碳，保持空气新鲜。

（5）适当光照，出菇期的光照强度以 500～800 勒克斯、每天照射 10 小时以上为宜。如果光照不足，导致不出菇或出菇少，但不能有直射阳光照射，以免晒死幼菇。

145. 草菇采收的技术要点有哪些?

作为商品的草菇，要求菌膜未破裂，外观呈蛋形。这时肉质细嫩，风味佳。但是草菇生长速度很快，极易开伞，要及时采收。当草菇子实体由基部较宽、顶部稍尖的宝塔形变为卵形，由硬实变松，草菇未破膜，菇形刚好开始拉长，用手捏时菇体上下手感基本一致，中间没有明显变松时最好。

采收时，一手按住子实体基部的培养料，一手抓住菇体基部，轻轻地扭下，也可使用小刀从菇体基部割下。头潮菇采收后，清除料面残留的菇根，用偏碱性的水适当进行补水，促进菌丝生长恢复，准备进入二潮菇。

九、猴头菌

146. 猴头菌的分类地位是什么？

猴头菌［*Hericium erinaceus*（Bull. ex Fr.）Pers］又名猴头菇、刺猬菌、山伏菌、猴头蘑、花菜菌等，因外形酷似猴头而得名。猴头菌分类上属担子菌门伞菌纲红菇目猴头菌属。

147. 猴头菌的原始生长环境及分布情况是什么？

猴头菌多发生于春、秋两季，生长在深山密林中的栎类以及其他阔叶树的活立木的死结、树洞及腐木上。猴头菌主要分布于亚洲、欧洲和北美洲。在我国各地广为分布，以大兴安岭、天山、阿尔泰山、西南横断山脉和喜马拉雅山等林区尤多。包括黑龙江、吉林、内蒙古、河北、河南、陕西、山西、甘肃、四川、湖北、湖南、广西、云南、西藏、浙江、福建等省份。

148. 猴头菌的营养价值及栽培前景是什么？

猴头菌肉质细嫩可口，素有"山珍猴头，海味燕窝"之称。每100克猴头菌干品含蛋白质 26.3 克、脂肪 4.2 克、碳水化合物 44.9 克、粗纤维 6.4 克、水分 10.2 克、磷 856 毫克、铁 18 毫克、钙 2 毫克、维生素 B_1（硫胺素）0.69 毫克、维生素 B_2（核黄素）1.89 毫克、胡萝卜素 0.01 毫克、维生素 B_3（烟酸）16.2 毫克。它还含有 16 种氨基酸，其中 7 种属人体必需氨基酸，总量为

11.12毫克。另外，猴头菌还具有抗炎和抗溃疡、抗肿瘤、降血糖、抗氧化和抗衰老等药用价值。猴头菌目前开发产品有猴头菌糕点、猴头菌保健酒、猴头菌保健酸奶、猴头菌保健茶、猴头菌药品等。猴头菌作为一种食药兼用的珍稀菌，营养和药用价值高，人工代料栽培技术成熟而备受人们青睐，市场前景广阔。

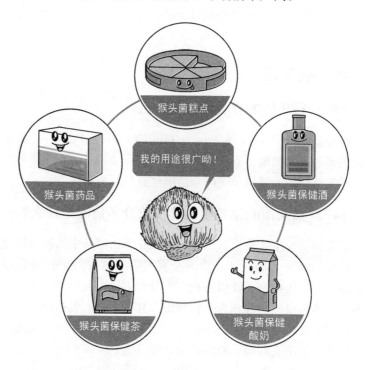

149. 常见猴头菌种类有哪些?

猴头菌分为高山猴头菌、针猴头菌和珊瑚状猴头菌3种。高山猴头菌又称雾猴头菌，夏秋多野生于海拔3 000米以上的云杉、冷杉和箭竹林带中的枯树或倒木上；针猴头菌又称小刺猴头菌，日本称为猴子头。多野生于栎属的阔叶林腐朽枯木或倒木上，成熟后多呈茶褐色，可食，味道甚佳；珊瑚状猴头菌又称红猴头菌、羊毛菌。珊瑚状猴头菌的主要特征是子实体从基部长出数枚主枝。每枚主枝上又生出短而细的小分枝，小分枝上再生出丛状密集的短菌刺，菌刺纤细，呈针状，顶端尖，菌刺长 0.5～15 厘米，子实体形如珊瑚，故名珊瑚状猴头菌。

150. 猴头菌的营养条件是什么？

猴头菌是一种木腐菌，分解木质素、纤维素的能力相当强。猴头菌在生长发育过程中分解纤维素、木质素、半纤维素等作碳源营养，分解蛋白质、氨基酸等有机物质，吸收利用无机氮化物作氮素营养。同时，还需要一定量的钾、镁、钙、铁、铜、锌等矿质营养。目前，棉籽壳、锯木屑、稻麦秸秆、棉秆等已被用作碳素营养的来源。猴头菌的氮源来自蛋白质等有机氮化物的分解。锯木屑、棉秆、甘蔗渣等蛋白质含量较低，必须添加含氮量较高的麸皮、玉米面等物质。猴头菌营养生长阶段碳氮比在 25∶1 为宜，在生殖生长阶段碳氮比在（35～45）∶1 为宜。

151. 猴头菌对环境温度条件的要求有哪些？

猴头菌属低温型真菌，菌丝生长的温度为 10～34 ℃，最适温度为 19～25 ℃。子实体属低温结实型和恒温结实型，最适温度为 18～21 ℃。菌丝体在 0～4 ℃温度下保存半年仍能生长旺盛。

152. 猴头菌对水分和湿度的要求有哪些？

菌丝体和子实体生长要求培养料的含水量为 65% 左右；子实体生长发育的最适空气相对湿度为 85%～95%。在这种条件下，子实体生长迅速，颜色洁白；如相对湿度低于 60%，子实体很快干缩，颜色变黄，生长停止；如相对湿度长期高于 95% 以上，会生长长刺，很易形成畸形的子实体，产量低。

153. 猴头菌对光线和酸碱度的要求有哪些？

猴头菌菌丝生长不需要光线。子实体分化需要少量的散射光，以 50～400 勒克斯为宜。弱光下子实体洁白，品质好；光线过强，达到 2 000 勒克斯时，子实体颜色变黄且生长缓慢。猴头菌是喜酸性菌类，在中性或碱性培养料中很难生长，菌丝可在 pH 2.4～5.0 生长发育，最适 pH 为 4，在拌料时应把 pH 调到 5.4～5.8。当 pH 小于 2 或大于 9 时，菌丝停止生长。由于猴头菌菌丝在生长过程中会不断分泌有机酸，因此，在培养后期基质会过度酸化，抑制菌丝生长。为了稳定培养基酸碱度，在配制培养基时常加入 0.2% 的磷酸二氢钾或 1% 的石膏作为缓冲剂。

154. 栽培猴头菌最好在什么季节?

猴头菌属于低温结实型和恒温结实型，因此，通常一年春、秋两季都可栽培，9 月底至 10 月初播种至翌年 1 月上中旬为第 1 次栽培时间；1 月中下旬至 5 月上中旬为第 2 次栽培时间。秋季在 9 月自然气温 25～28 ℃时接种，1 个月后，正值菌蕾形成时，气温下降到 20 ℃左右。这样前期气温较高，有利于菌丝良好生长；后期气温下降，又适合于子实体的生长。春季以气温回升后的季节开始接种，这时温度适宜，有利于子实体的生长，但由于猴头菌菌丝对温度的要求比子实体高，若能在菌丝体培养阶段采用保温措施，就可以适当早点接种，延长子实体生长时间，提高产出量。值得注意的是，由于各地自然条件复杂，气候各异，应根据品种特性和当地的气候条件确定适宜的接种期。

155. 栽培猴头菌常见的配方有哪些?

猴头菌是一种木材腐生菌，用于栽培猴头菌的材料有锯木屑、木薯渣、甘蔗渣、棉籽壳、甘薯粉、玉米芯酿酒后的酒糟等，其中以酒糟和棉籽壳为主的培养料栽培猴头菌产出量最高。辅料中可添加麦麸、米糠、蔗糖、石膏、磷酸二氢钾等营养成分较高的物质。培养料的选择，应根据本地资源情况，因地制宜开发利用。常见参考配方如下，含水量 65%～70% 为宜。

（1）棉籽壳 86%、米糠 5%、麦麸 5%、过磷酸钙 2%、石膏粉 1%、蔗糖 1%。

（2）甘蔗渣 78％、米糠 10％、麦麸 10％、石膏粉 1％、蔗糖 1％。

（3）玉米芯 50％、木屑 15％、米糠 10％、麦麸 10％、棉籽饼 8％、玉米粉 5％、石膏粉 1％、蔗糖 1％。

（4）酒糟 80％、豆饼 8％、麦麸 10％、石膏粉 1％、蔗糖 1％。

156. 猴头菌栽培场所的要求有哪些？

菇房应选择地势较高、坐北朝南、排水方便并近水源、周围较开阔、空气新鲜、有培养料处理场地、附近无有害气体和污染源的地方。四周最好有绿化带，能防止烟雾，净化空气。菇房应有 50～400 勒克斯的微弱散射光，且光线均匀，能保湿，通风良好。专门的猴头菌栽培室以 7～8 米长、4 米宽、2.5～3.0 米高为宜。栽培瓶有相应的培养架放置，以节省空间、方便管理为基准。通常每室放 2 个多层培养架，每架 4～5 层，层间距 6 厘米左右，架宽 1.0～1.2 米，架与架之间留约 70 厘米宽的走道。

有培养料处理场地

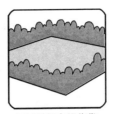

四周最好有绿化带

排水方便并近水源

地势较高，坐北朝南

猴头菌的栽培场所要求

周围开阔，空气新鲜

对着走道的墙上，上下各开一个 0.13 平方米的窗子，上窗的上口平屋檐，下窗的下口离地面 10～15 厘米。如果室内仅有中上部窗子，就必须要开若干地窗，开于紧靠地面处，窗上装有铁丝纱窗。山洞或人防工程地下室也是栽培猴头菌较好的场所，其湿度较高，也容易保温，须用日光灯和鼓风机调节光照和通风。菇房和菇床均易感染杂菌、易受虫害，因此，每季栽培结束后都应彻底打扫干净，并进行严格消毒。

157. 培养料制作的要求有哪些?

在配料前，要求选取新鲜、无霉变、无虫害的原料，棉籽壳、麦麸、酒糟等原料越新鲜越好。但木屑越陈旧越好，最好是把木屑堆于室外，日晒雨淋数月甚至整年，除去怪味再用。拌料时要注意湿度，与通常药用菌栽培料相比，猴头菌秋季栽培培养料偏湿，含水量以 70％为宜。根据经验，用手紧握料，指缝间有 2～3 滴水渗出为宜。春季栽培培养料偏干，含水量以 65％为宜。猴头菌对多菌灵敏感，不可使用此类杀菌剂。

158. 菌袋制作与灭菌的要求有哪些?

猴头菌栽培目前多用低压聚乙烯小袋装料，两头出菇或打孔定位出菇，通常采用规格（16～18）厘米×（33～36）厘米，厚度0.003 厘米左右，每袋装干料在 0.35～0.4 千克。常压灭菌，在常压下保持 100 ℃维持 8～12 小时为佳。高压灭菌时，保持 0.15兆帕，2～3 小时。无论常压还是高压灭菌，均需灭菌前排尽冷空气。

159. 接种与培菌应注意哪些事项?

按常规接种法严格处理，切实注意接种前、中、后的消毒灭菌。接种时要注意把菌种压实，使菌丝吃料均匀，发得快。接种后，及时移入经过消毒的栽培室内培养。猴头菌接种后，如果是春季栽培，需马上加温至 24～28 ℃（秋季可利用自然温度），这是因为猴头菌菌丝对气温很敏感，气温适合就长得特别快，能抑制杂菌的生长，还能在 4 月上中旬出第 1 潮菇，避过高温获得高产。但需注意的是加温必须加湿，增加空气对流，排除多余的二氧化碳。

160. 采收及采收后的技术要求有哪些?

当猴头菌菌刺充分伸展，6～8 月成熟时应及时采收。采收过早会影响产量及品质，采收过晚则子实体质松、味苦，且影响产量。采收时用手握住菌柄，轻微旋扭就可采下。猴头菌整个成长期可采 2～5 潮，工厂化生产一般 1～2 潮，采收后及时清理料面，停止 1 周后喷水，约过 15 天就会长出新的子实体。因为猴头菌保鲜时间短，不能超过 24 小时，所以在采收后除鲜销外，都是晾干后密封储存。

十、银耳

161. 银耳的分类学地位和子实体形态特征是什么?

银耳（*Tremella fuciformis* Berk）也称白木耳、白耳子等，在分类学上属担子菌亚门层菌纲银耳科银耳属。银耳子实体新鲜时柔软洁白，半透明，胶质而富有弹性，耳基呈米黄色。由数片多皱褶的瓣片组成，一般呈菊花状或鸡冠状，直径 5～10 厘米，甚至更大。子实体干时，收缩成角质，硬而脆，呈白色或米黄色，耳基橘黄色，体积强烈收缩，为湿重的 1/13～1/8，吸水后又能恢复原状。

银耳子实体

162. 银耳生长需要的条件有哪些?

银耳是一种木腐菌，营腐生生活，它是从死亡的或将要死亡的木材或培养基中吸收现成的营养物质。

（1）营养　银耳是一种木材分解能力较弱的木腐菌，只能利用简单的碳源，如单糖（葡萄糖）、双糖（蔗糖）、多糖（淀粉），银耳还需要氮源，如马铃薯、米糠等，还有无机盐类如硫酸镁和磷酸钾等。

（2）温度　银耳属中温型真菌，菌丝在 6～32 ℃均能生长，但以 23～25 ℃最适宜。子实体生长发育的最适温度为 20～23 ℃。

（3）水分　银耳在不同的生长发育阶段对水分的要求不同。菌丝阶段要求段木含水量以 42％～47％为宜，木屑培养基以 60％～65％为宜。子实体发生、生长阶段相对湿度以 85％～95％为宜。

（4）空气　银耳是一种好气性真菌，在栽培过程中应十分注意环境的通风透气。只有供应足够的新鲜空气，耳瓣才能正常开片。

（5）光线　银耳的生长发育需要散射光，在散射光照射条件下，银耳才能正常生长发育。

（6）pH　银耳菌丝在 pH 为 5.0～7.5 环境下都能正常生长，但以 pH 5.2～5.8 为最适宜。

银耳栽培环境

163. 银耳的营养成分和食（药）用价值有哪些？

银耳营养丰富，可食用部分每百克（以干重计）含有蛋白质 6.1～7.6 克、氨基酸 5.42～7.54 克、粗脂肪 0.6～1.2 克、粗纤维 1.1～1.3 克、钙 24～132 克、磷 254～288.2 毫克、铁 11.1～20.1 毫克、维生素 B_2 1.1～1.6 毫克、烟酸 4.25～4.37 毫克等营养物质。

银耳是我国久负盛名的滋补品，具有较高的药用价值。久服可使皮肤滋润光泽，对皮肤干燥所引起的瘙痒症有一定疗效；银耳含有酸性异多糖、有机铁等化合物，能调节人体免疫能力，起扶正固本作用，对老年慢性支气管炎、肺源性心脏病有显著疗效，还能提高肝脏的解毒功能，起护肝作用。

164. 银耳适宜栽培季节是什么？

银耳以春、秋两季的自然气温栽培最为适宜。春季栽培，应选择最低气温在 12 ℃以上时进行；秋季栽培，应选择最高气温在 28 ℃以下时进行；也可以采取冬季栽培房加温夏季搭建荫棚栽培。

165. 银耳菌种有什么特点？

通常情况下，银耳菌丝需与香灰菌的菌丝伴生，才能完成它的生活史。银耳菌种与其他食用菌菌种相比，最主要的特点是由两种菌丝混合组成。一种是银耳菌丝，另一种是香灰菌丝。

银耳菌丝为白色至淡黄白色；菌丝短而细密，边缘整齐，生长极慢（1 毫米/天）。在某些情况下，在培养基表面菌丝缠结成菌丝团），并逐渐胶质化，形成小原基，发育成小耳片。在基质中的银耳菌丝主要分布在浅层，呈白色，菌丝比较致密。香灰菌丝生长较快，初期菌丝白色，爬壁能力较强，呈羽毛状。

166. 纯银耳菌种如何获得？

纯银耳菌种可以通过担孢子萌发、耳片组织分离和培养基质分离（基内菌丝分离）的方法来获得，银耳担孢子必须在特殊的培养基中才萌发成菌丝，香灰菌丝或香灰菌丝的培养液对银耳担孢子萌发也有明显的促进作用。

银耳是胶质菌，组织分离较难成功。用肥厚的耳基部分进行分离，可获得纯银耳菌丝，但生长比较缓慢，效果也不理想。从培养银耳的基质（耳木、木屑培养基）中分离银耳菌丝，是生产上常采用的方法。基质中既有银耳菌丝又有香灰菌丝，但它们在基质中生长的部位不同，银耳菌丝在靠近耳基下方浅层的基质中，而香灰菌丝可深入到基质的深处。这两种菌丝忍耐干旱的能力也明显不同。根据上述差别，从基质中分离纯银耳菌丝可采用干燥处理的方法分离得到纯银耳菌丝。

167. 袋栽银耳原种的出耳能力怎样鉴别？

原种配制后，它是否具备出耳能力，在使用前还应进行观察鉴别。一般地说，具备出耳能力的银耳菌种应有以下几种表现。

（1）能形成白毛团（银耳菌丝团），并有明显增生的趋势。

（2）与羽毛状菌丝配合 10～15 天，白毛团正常分泌淡黄色露珠。

（3）与香灰菌丝配合 16～20 天，白毛团上菌丝部分胶质化，形成耳芽。

（4）形成明显白毛团，但迟迟不分泌露珠。这说明银耳菌丝生理成熟度低或培养条件不适，如黑暗、不透气等。此菌种不宜立即用于生产，尤其是不能用于银耳的代料生产。

168. 制作银耳原种和栽培种时应注意哪些问题？

经检查合格的银耳母种（试管种），就可用来扩接原种、栽培种。银耳菌丝生长缓慢，接种时要保证有适量的银耳菌丝，接种后还要给银耳菌丝生长创造条件。银耳原种与栽培种制作应注意以下事项。

（1）培养基含水量应偏低，不超过 60%，这样有利于银耳菌丝生长。

（2）用无色、小口径菌种瓶，不用塑料薄膜封口，用棉塞封口（利于通气）。

（3）培养基装入量以瓶高的 1/2 为宜。

（4）一支试管种，扩制一瓶原种，操作时应挑取试管中所有银耳菌丝（白毛团），四周略带一些香灰菌丝，且接种时生长菌丝的一面务必向上。

（5）培养时应给予一定的散射光。

（6）长好的原种，挖去原接种块，先将银耳菌丝充分碾散，再将木屑培养基表面以下 3～4 厘米处（根据银耳菌丝长势和量多少而定），用长柄接种勺充分搅拌均匀（即所谓拌种），然后接栽培种，每瓶原种可接 40～50 瓶。

（7）培养期间调节温度为 22～26 ℃，注意培养室通风换气，保持干燥。

（8）代料栽培的原种菌龄以 15～20 天为宜。菌龄大，菌丝易胶质化，生活力减弱。段木栽培的原种菌龄以 30 天左右为宜。

（9）优良的栽培种在生产性能上应达到穴出耳率 100%，袋栽单朵银耳（干重）在 10 克以上。

169. 银耳代料栽培常用的培养基有哪些?

栽培银耳的培养料有多种，每种都包括主料和辅料。作为主料目前应用最普遍的是木屑（阔叶树）、棉籽壳，其他如棉秆粉、甘蔗渣等也有地方使用。辅料如米糠或麸皮、黄豆粉、石膏粉、硫酸镁等。所有的原料必须新鲜、干燥、无霉变。

170. 银耳常用的培养基配方有哪些?

（1）木屑培养基　木屑 50 千克、麸皮 15 千克、黄豆粉 1 千克、蔗糖 0.75 千克、硫酸镁 0.25 千克、石膏 1 千克。

（2）棉籽壳培养基　棉籽壳 60 千克、麸皮 12.5 千克、蔗糖 0.75 千克、黄豆粉 1 千克、石膏 1 千克、硫酸镁 0.25 千克。

（3）木屑棉籽壳培养基　木屑 50 千克、棉籽壳 50 千克、麸皮 30 千克、石膏 2 千克、黄豆粉 2 千克、糖 1.5 千克、硫酸镁 0.5 千克。

（4）甘蔗渣培养基　甘蔗渣 100 千克、麸皮 30 千克、石膏粉 2 千克、黄豆粉 2 千克、糖 1.5 千克、过磷酸钙 2 千克。

171. 什么是"开口增氧"？何时"开口增氧"？

"开口增氧"就是把接种穴上的胶布撕开一条小缝，并使其拱起，增加通气量，促进银耳菌丝生长发育。接种后 10～12 天，菌丝已伸展至接种穴胶布边，菌丝圈直径达 10 厘米，就可进行"开口增氧"。

172. 什么是"扩穴"？何时"扩穴"？

"扩穴"就是用无菌刀片沿着接种穴周围，割去约 1 厘米宽的圆圈，进一步增加氧的供应，促进子实体迅速长大。接种后 16～20 天，当接种穴陆续出现小耳芽并长至黄豆大小时，就要及时撕去胶布，并"扩穴"。

173. 袋栽银耳出耳期间如何进行水分管理？

银耳"开口增氧"后 12 小时就可喷水。喷水前，调整菌袋间相隔至 2 厘米，在菌袋表面上盖一层报纸或无纺布，向纸（布）面喷水提高环境湿度，以保持纸（布）面潮湿而不积水为宜。喷水要结合通风，保持室内空气新鲜，并给予一定的散射光。"扩穴"后室内空气相对湿度应控制在 86%～90%。根据天气、料面干湿、耳片色泽等情况向室内空间墙壁及报纸上喷水或地面泼水。袋栽银耳出耳期间要轻喷、勤喷，每隔 4～5 天就把袋面报纸去掉，让子实体露穴 12～24 小时后，再盖纸喷水保湿，并注意通风换气。子实体采收前 1 周，其生长速度加快，每日应加大喷水量和喷水次数，也可去掉报纸直接向子实体喷水。根据子实体颜色酌情处理喷水量，耳黄多喷，耳白少喷，以增加空气湿度为主。另外，要注意加强通风换气，增强子实体的抗病能力，减少烂耳。

174. 袋栽银耳什么时间采收？采收的方法是什么？

当银耳耳片充分展开，直径达 8～12 厘米、颜色由透明转为白色时，需及时采收。采收前 1 天应停止喷水。一般选择晴天，用利刀沿耳基整朵割下，留下米黄色耳基，清除耳基部杂质，并修成半圆形。

银耳采收标准

175. 银耳采收一次后如何管理？

采收一次后，能否再长第二次，与菌种质量、培养料好坏、管理水平等有关。如果耳基颜色鲜黄，能分泌清黄水珠，就有再生的可能性。把能再生的瓶、袋等保持在 20～25 ℃的条件下培养且停止喷水。若耳基分泌的黄水较多，应及时倒掉。2～3 天后，耳基开始隆起白色的耳片，就可以恢复正常喷水。一般来说，喷水管理

10 天以后，又可以采收第二次。

十一、羊肚菌

176. 羊肚菌分布、分类地位是什么?

羊肚菌又称为羊肚菇、羊蘑，是一种珍稀食用菌。它主要分布在陕西、河南、甘肃等地。在分类学上羊肚菌属真菌界子囊菌门盘菌亚门盘菌纲盘菌亚纲盘菌目羊肚菌科羊肚菌属。羊肚菌属又分为3个大的类群：黑色羊肚菌群（Black morels）、黄色羊肚菌群（Yellow morels）、红棕色羊肚菌群（Blushing morels）。

177. 羊肚菌的主要形态特征是什么?

（1）菌盖　一般呈长三角形，顶端尖锐或钝圆。它的表面有垂直和水平的脊相互交织，分成许多小的坑或网格，它看起来像一个羊肚。小坑的内表面分布着由子囊、侧丝和子囊孢子组成的子实层。菌盖是中空的，内壁粗糙，颜色呈白色、灰白色或蓝灰色，由大小一致的刺组成。

（2）菌肉　白色或者近白色，肉质 1～3 毫米厚。

羊肚菌子实体形态

（3）菌柄 它直接与菌边帽缘相连，较厚，颜色比菌帽稍浅，近白色或黄色，长5～10厘米，直径1.5～4.5厘米，幼时外表面有颗粒状突起，后期光滑，基部膨大，有不规则凹槽，使子囊直接与外部空间相连，呈中空状。在栽培过程中，一些巨型子囊果的柄基部有时形成片状或不规则形状的肉质假根，但在野生标本中很少见。不同成熟种的子囊果表面小核的形状、大小、深度和颜色往往差异很大，这是区分不同种的一个重要特征。

178. 羊肚菌主要栽培品种有哪些？

目前，人工栽培成功的羊肚菌主要有梯棱羊肚菌、六妹羊肚菌、七妹羊肚菌等黑色羊肚菌。另外，Mel-21已经可以人工栽培，但产量很低。羊肚菌是一种喜低温高湿的真菌。它通常发生在春季3～5月的雨后，偶尔也发生在秋季8～9月，数量很少。羊肚菌生长周期长，不仅需要较低的温度，还需要温差来刺激菌丝分化。

179. 羊肚菌的主要价值是什么？

传统中医认为羊肚菌属温性、味甜寒、无毒，有益肠、助消化、化痰、理气、补肾、养阳、醒神等功效，适宜妇女、中老年人和脑力工作者等食用。羊肚菌味道鲜美，营养丰富，深受国内外消费者的喜爱。

180. 可以用作羊肚菌生长的碳、氮源有哪些？

适合羊肚菌菌丝体生长的碳源包括淀粉、蔗糖、葡萄糖、麦芽糖、果糖、乳糖、木质素、纤维素、多糖等。

适合羊肚菌菌丝体生长的氮源包括有机氮和无机氮。在有机氮源中，蛋白胨、酵母粉、玉米粉、牛肉膏、黄豆粉、麸皮等都合适；无机氮源包括各种硝酸盐、亚硝酸盐、铵盐、尿素等，羊肚菌生长的碳氮比范围为（20～80）：1，当碳氮比为60：1时，菌丝体干重最大。

181. 羊肚菌的适宜栽培温度是什么?

菌丝生长最适温度为 20～24 ℃，在 5 ℃以下生长速度缓慢，但菌丝体健壮浓密；菌丝体在 35 ℃以上生长受阻，甚至死亡。

菌核形成时温度为 16～21 ℃；子实体形成与发育最适温度为 8～16 ℃，8 ℃以下或 18 ℃以上，都不再形成原基，甚至导致原有原基大量死亡。

182. 羊肚菌栽培的最适湿度是什么?

羊肚菌菌丝生长培养基最适含水量为 60％～65％；在播种后菌丝生长期，空气相对湿度控制在 60％～70％；催菇期，土壤水分含量保持在 25％～35％，棚内空气湿度增加至 85％～95％；出菇后，棚内相对湿度保持在 80％～90％，可保证幼菇正常生长。一般土壤水分含量在 25％～32％，高于播种期，低于催菇期。

183. 羊肚菌栽培对光照的要求有哪些?

羊肚菌菌丝体生长阶段不需要光照，但强度为 10～100 勒克斯弱的散射光有利于羊肚菌子实体的生长发育，强烈的直射光对羊肚菌子实体的生长发育有不利的影响。

184. 羊肚菌栽培的最适酸碱度是什么?

土壤的酸碱度要求为 5～8.5，中性或微碱性（酸碱度为 6.5～7.5）最适宜生长。羊肚菌通常生长在腐殖质为石灰岩或白垩质的土壤中，也生长在黑色和黄色壤土的沙质混合土壤中。如果土壤酸性太强，可通过撒施石灰或草木灰的方法进行调节，一般石灰每亩用量为 50～100 千克、草木灰 200 千克左右。

185. 羊肚菌栽培过程中对通风的要求有哪些?

羊肚菌是一种好氧性真菌，充足的氧气对羊肚菌的正常生长至关重要。土壤中含水量过高会导致缺氧和菌丝体大量死亡，因此，必须正确处理土壤含水量和空气之间的关系，土壤含水量不得过高，以确保菌丝生长有充足的氧气。

186. 羊肚菌适宜的栽培季节是什么?

羊肚菌的人工栽培一般安排在秋冬，11 月是羊肚菌的播种及营养补充袋摆放时期。菌丝体生长温度范围为 5～25 ℃，但最好在低温下生长，土壤温度控制在 20 ℃以下，空间温度在 25 ℃以下，最适宜温度在 16～18 ℃，它能耐受一定低温，但在 30 ℃以上的高温下会很快死亡。因此，羊肚菌栽培季节应在秋冬。

187. 羊肚菌种植模式是什么?

羊肚菌种植模式根据培养料分为无料栽培和有料栽培；根据栽培设施不同，分为露天种植、小型拱棚种植、塑料大棚种植等；根据场地条件，分为冬闲田种植、旱地种植、林下种植等。

目前，羊肚菌种植模式主要有塑料大棚种植、冬闲田种植、小型拱棚种植、林下小拱棚种植。

188. 羊肚菌栽培过程中为什么要覆盖黑地膜?

播种后，喷一次重水，使土壤含水量达到 60％左右，即当用手捏土粒，土粒变扁但不会破碎且不黏手。播种后，立即用黑地膜覆盖在畦面上，间隔时间不超过 2 小时。

覆盖黑地膜主要功能：①遮光；②保湿；③抑制杂草生长；④保温；⑤促进出菇；⑥抑制菌霜（无性孢子）过度生长。

黑地膜的不同覆盖方式：一是在畦面上平铺；二是低拱棚覆盖（黑地膜离畦面 10～15 厘米）。低拱棚覆盖比平铺具有更好的保温性和透气性，有利于后期羊肚菌原基提前发生和子实体正常生长。

189. 羊肚菌栽培过程中为什么要补充营养袋?

在羊肚菌播种后的 7～15 天，将灭菌后培养料的料袋摆放在畦面，从营养袋侧面刺穿或切割，使穿孔或切口朝下。在放置过程中，应尽可能将袋压平并与地面接触，以保证菌丝尽快进入袋中。料袋之间的距离为30～50厘米，行距为40～60厘米。

土壤中的羊肚菌菌丝将从培养料袋的孔中串入袋内，吸收培养料中的营养物质，使地下的菌丝体快速生长并积累营养物质，为羊肚菌子实体的生长提前做好物质准备。约30天后，菌丝覆盖整个营养袋，同时，地面菌丝颜色由白色变为土黄色。

190. 羊肚菌出菇前管理的要点是什么？

催菇是为了让羊肚菌从营养生长进入生殖生长，需要对栽培过程中的营养条件、温度条件、水分条件、湿度条件等进行适当的改变，创造各种不利于羊肚菌继续营养生长的条件，使羊肚菌向生殖生长转变。

191. 羊肚菌出菇期管理的要点是什么？

羊肚菌催菇后，如果发现大量圆形乳白色的原基，是羊肚菌已经开始出菇的表现，为避免低温对羊肚菌原基的损伤，出菇管理应该保持气温稳定在10℃以上，空气湿度在85%～95%。2～3天后，原基从圆形成长为锥形。当锥形原基生长到一定程度，菌盖和菌柄开始分化，形成明显的子囊果。子囊果大小不变化，新形成的子囊果颜色呈黑色，生长5～7天后幼菇由黑色变为黄色；黄色的子囊果生长7～10天后又变成黑色，变黑的子囊果可以在5～10天生长成熟，此时注意变化，及时采收。羊肚菌的生育周期从播种到采收120～150天。

192. 羊肚菌原基大量死亡原因有哪些？

（1）原基发生阶段，原基未长到10毫米高之前最为脆弱，这时气温忽高忽低，或土壤过干过湿，都会导致原基大量死亡。此阶段重点、难点在于保温保湿，避免土壤、空气温湿度的大起大落。

（2）原基形成以后，原基窒息死亡，直接向畦面喷水，导致其被水滴包围。

193. 羊肚菌不出菇的原因有哪些?

（1）菌种种性问题。

（2）播种时间太晚。

（3）温度和湿度管理不到位，尤其在原基发生初期，导致原基死亡。

（4）没有放置营养补充袋或放置时间过晚。

（5）有机肥、草木灰等施用量过多。

194. 羊肚菌如何确定收获时间?

羊肚菌的子实体原基颜色为黄棕褐色，幼子实体多为黑色、黑灰色、灰黑色，成熟后黑色逐渐变淡，多变为肉褐色、灰褐色、棕褐色，少数为深黑色。

一般来说，子囊果八成熟时采收最合适，整个菇体分化完整，颜色从深灰变为浅灰或褐黄色，菌盖饱满，菌盖表面有的沟纹边缘较厚，外形美观，口感最佳。此时，正常菇长 7～10 厘米。

195. 羊肚菌采收后如何处理?

羊肚菌保鲜：用小刀削净羊肚菌基部的杂质，摆放在网纱筛上排干水分，然后用泡沫盒摆放。规格 100 克、150 克、200 克不等，用透明保鲜膜覆盖包装，放入保鲜橱内 5 ℃保鲜。

羊肚菌烘干：烘干前期处理，加热去水分，强化烘干去水分，高温干燥，回软，储藏。

十二、长根菇

196. 什么是长根菇?

长根菇（*Oudemansiella radicata*）商品名黑皮鸡枞菌，属真菌门担子菌亚门层菌纲伞菌目白蘑科小奥德蘑属。其肉质细嫩、口感鲜甜、香味浓郁、柄脆爽口，富含多种营养保健成分，鲜销、干制均可，食用和保健价值高，发展前景广阔。目前，市场价高畅销，经济效益较好。

197. 长根菇的形态特征是什么？

长根菇子实体单生或群生。菌盖直径 2.2～16.0 厘米，半球形，老熟时平展、边缘翻卷，顶部呈脐状凸起，并有辐射状皱纹，光洁，湿时微黏滑，茶褐色、黑褐色至黑灰色，菌肉白色。菌褶离生或贴生，较稀疏，不等长，白色。菌柄上细下粗，保龄球形，长 4.5～19.0 厘米，粗 0.6～1.8 厘米，浅褐色、浅灰色至灰色，表皮脆质，肉部纤维质、松软，老熟时中下部纤维化程度高，基部稍膨大，延生成长达 10 厘米左右的细假根。

长根菇子实体

198. 长根菇栽培的主要原料有哪些？

长根菇是一种木腐菌，生产中栽培主料有杂木屑、棉籽壳、玉米芯、甘蔗渣等，栽培辅料有麦麸、米糠、玉米粉、轻质碳酸钙、生石灰。

199. 长根菇栽培生物学特性是什么？

长根菇属于中偏高温型、恒温结实型木腐土生性食用菌类，较好气喜光。菌丝生长最适温度 23～26 ℃，出菇最适空气温度 25～29 ℃，最适覆土地温 22～25 ℃；菌料基质最适含水量 63%～67%，栽培覆土材料最适含水量 25%～40%，出菇阶段最适空气相对湿度 85%～92%，二氧化碳浓度（体积比）0.3%以下，光照强度宜在 100～500 勒克斯，覆土材料最适 pH 6.0～7.2，不耐高碱性。

200. 长根菇主要栽培生理特点是什么？

长根菇菌包培育菌龄、生长积温和出菇期空气及土壤温度、湿度，是出菇早晚、子实体生长速率的关键影响因素。在适宜温度条件下，长根菇菌包发满菌袋时间一般需要 35～45 天，后熟培养还需 30 天左右，覆土后培育时间需 25～40 天。采用液体菌种接种，可提早菌包发菌时间 10～15 天；若后熟时间过短或覆土后地温过低，则出菇延迟，地栽培育时间可延长 20～30 天才出菇；如覆土后土壤、空气湿度过低，菌料水分散失过多，菌包表面干燥，亦可延迟出菇。值得注意的是，覆土培育期和出菇期均忌高温闷棚和积水浸泡，否则可造成不出菇、杂菌生长或菇蕾、幼菇死亡，严重降低长根菇产量和质量，应提前采取预防措施。

另外，冬季和夏季不同温度范围条件下，长根菇子实体形态、颜色等亦有差异。偏低温环境生长较慢，菇体粗壮色深，盖厚圆整柄短，品质较高；偏高温环境生长较快，菇体细弱、色浅，盖薄、开伞、柄长，品质较低。

201. 长根菇适宜的栽培季节是什么？

根据长根菇出菇对温度的要求，其出菇期在每年的 4～10 月。因海拔高度不同，出菇期有较大差异，在低海拔地区，出菇期较长，反之则较短。长根菇属菌丝长满后不会立即出菇的菌类，一般要求有 30 天左右的养分积累期，菌袋制备多选在 12 月至翌年 5 月，因此，栽培接种期应提前。若采用液体菌种，在适宜的培养温度下，则可大大缩短菌种和菌包的发菌时间。高温季节与中低温季节覆土培育和出菇，在大棚控温和生产管理措施上差别较大，控温性能好的菇棚，则可周年栽培出菇。

202. 长根菇栽培的工艺流程是什么？

液体栽培菌种或固体菌种制备→配料、拌料、装袋→灭菌、冷却→接种→发菌培养→后熟培养→覆土培育→出菇管理→采收。

203. 长根菇栽培常用的配方有哪些？

（1）杂木屑 73%、麦麸 20%、玉米粉 5%、蔗糖 1%、石膏粉 1%。

（2）棉籽壳 80%、麦麸 15%、玉米粉 3%、过磷酸钙 1%、石膏粉 1%。

（3）粉碎玉米芯 62%、豆秸 30%、麦麸 7%、石膏粉 1%。

（4）甘蔗渣 73%、麦麸 20%、玉米粉 5%、过磷酸钙 1%、石膏粉 1%。

（5）木薯皮 80%、棉籽壳 18%、过磷酸钙 1%、石膏粉 1%。

204. 长根菇发菌期如何管理？

栽培袋采用规格为 15 厘米×55 厘米或 17 厘米×33 厘米的低压聚乙烯或聚丙烯塑料袋。长根菇菌丝适宜生长温度为 21～27 ℃，最适温度为 23～25 ℃，空气相对湿度保持在 60%～70%，一般经过 35～45 天菌丝可长满菌袋，在上述条件下继续培养 25～30 天，使菌丝达到生理成熟。菌丝生长阶段不需要光照，要求多通风，保持棚内二氧化碳浓度在 0.2% 以下。当菌袋表面局部出现褐色菌被和密集的白色菌丝束时，即可进行脱袋出菇管理。

205. 长根菇出菇场地如何整理？

目前，长根菇以大棚覆土栽培模式为主。选择土壤肥沃、腐殖质含量高、团粒结构好、有水源、无污染源的大棚地面作菇场。夏季出菇将地面土壤整理成宽 1 米、深 18 厘米的畦床，低于地面呈凹式，床底整平，畦床南北向，两畦之间留宽 50 厘米的作业道。

冬季低温条件下出菇，与夏季高温期相反，菇畦应设置为凸床式，高出大棚地面，利于调控覆土层温度。冬季长根菇出菇时在大棚地面走道上撒石灰粉或草木灰，有利于改善地温，又能消毒防虫，也可在菇畦表面及走道上，均匀铺一层干麦秸，厚4～5厘米，或覆盖草苫，以利于蓄热保温，也能缓冲出菇后昼夜温差过大。

206. 长根菇如何进行脱袋覆土？

出菇畦床底部撒一薄层生石灰粉或用1％～2％的石灰水浇灌一遍，或用40％二氯异氰尿酸钠可湿性粉剂800倍液进行喷洒消毒处理。将菌丝已长满并达到生理成熟的菌包用刀尖划开，脱去塑料袋，于二氯异氰尿酸钠消毒液中浸蘸一下，随即取出，接种口朝下，竖放于畦床上。菌袋之间留3～5厘米空隙用土壤填充，再进行覆土。覆土材料可选用半沙半黏、疏松的肥沃土壤，可在黏性土壤中加入10％～15％的细沙或草炭土、珍珠岩、发酵稻壳等透气、保湿的材料，用二氯异氰尿酸钠、高效绿霉净和植物源杀虫剂等低毒无残留药物进行处理，以消毒防霉防虫。调节土壤含水量至30％～40％，pH 6.5～7.2，覆土材料中生石灰加入量不超过0.5％。菌包第一次覆土2厘米后浇大水1次，然后再补充覆土，厚度为3～4厘米，将畦面土层整平，不再浇水。覆土表层可用炭化土或复合草炭土，土层含水量不宜过大，喷适量雾化水保持覆土湿润。覆土后一般经25～30天后现蕾出菇。

207. 长根菇出菇期如何管理？

出菇前棚温控制在23～30℃，地温20～25℃，昼夜温差控制在8℃以内。当覆土表面有少量白色菌丝出现时，适量喷水并加大通风量，控制菇棚内空气温度24～28℃，土壤温度22～25℃，昼夜温差控制在5℃以内，不宜过大，空气相对湿度保持在85％～90％，以促进出菇。原基分化阶段，棚内光照强度保持在100～300勒克斯，少量通风，保持棚内温度、湿度相对稳定。待菇蕾陆续形成时，初期适度多通风，幼菇生长期逐渐减少通风，棚内二氧化碳浓度保持在 0.2%～0.3%。大量出菇期，棚温保持在 25～29 ℃，覆土地温保持在 22～25 ℃，空气相对湿度保持在 85%～92%，二氧化碳浓度控制在 0.3% 以下，光照强度保持在 100～500 勒克斯。夏季高温出菇阶段可在菇畦中定期、均匀、适量喷灌大水以降温保湿，可每隔 5～6 天在菇床上喷施 1% 石灰水上清液、40% 二氯异氰尿酸钠可湿性粉剂 1 000 倍液或植物源性杀虫药物，防止长根菇发黄、染霉、枯蕾死菇、虫螨等危害。在适宜环境条件下，单株（丛）长根菇从现蕾到子实体采收，一般需要 6～9 天。

长根菇覆土栽培出菇情况

208. 长根菇采收的时期和方法是什么？

优质商品菇生产应在八成熟、菌盖尚未完全展开前采收。采收前 1 天停止喷水，采收时用手指夹住菌柄基部轻轻扭动并向上拨起，将根部一起拔出，不要掰断菇根，集中将菌柄基部的假根、泥土和杂质削除。菇床表面不能残留菇根和残菇、死菇，应保持棚内环境和覆土层清洁卫生。大棚覆土地栽长根菇总生物学效率可达70%～90%。

第三章 食用菌病虫害防控技术

209. 什么是食用菌病害？

食用菌在生长发育过程中，由于环境条件（二氧化碳浓度、水分、温度、培养料）不适或受到其他真菌、细菌、病毒、线虫等有害生物的侵染或污染，使菌丝体和子实体不能正常生长发育，造成菌丝体凋亡，出现子实体萎缩、腐烂、畸形或死亡的现象，称为食用菌病害。根据病害发生的原因与规律，可将病害分为竞争性病害、侵染性病害和生理性病害。

210. 什么是竞争性病害？

病原物在食用菌的培养基质中生长，与食用菌的菌丝争夺养料、水分、氧气和空间等，或分泌一些毒素来抑制、分解或毒杀食用菌菌丝，这类有害生物称为竞争性杂菌，其引起的病害称为竞争性病害。食用菌生产中常见的杂菌主要有木霉、青霉、脉孢霉、毛霉、曲霉、黑根霉、酵母菌等真菌类杂菌以及各种细菌等。

木霉污染

毛霉污染

脉孢霉污染

211. 什么是食用菌生理性病害?

食用菌生长过程中由非生物因素如温度、水分、光照、酸碱度、空气等环境条件或有害物质的刺激等而造成食用菌生理代谢失调而发生的病害称为生理性病害。这类病害不会传染,也叫非病原病害、非侵染性病害或非传染性病害。症状一般表现为萎蔫、变色、黄化、畸形、营养不良等。生理性病害特点是症状独特,病部无病征;在病部分离不到可进行体外培养鉴定的病原物,有的易与病毒病害混淆。症状表现有一定的规律性、普遍性,一般同一菇房生长的菌体会同时发生相同的病害,在一定程度上均匀发生,没有明显的发病中心,发病与环境条件密切相关,若采取相应的措施改善环境条件,病害症状不会再继续发生,一般能恢复到正常状态。

212. 什么是食用菌侵染性病害?

由细菌、真菌、病毒、线虫等病原物侵染引起的病害称为侵染性病害。有些病原物主要侵染菌丝体,引起菌丝体病害,如毛木耳油疤病、香菇菌棒腐烂病等;有些病原物侵染子实体,引起子实体出现斑点、萎蔫或腐烂,如平菇黄斑病、双孢蘑菇褐斑病、双孢蘑菇褐腐病(疣孢霉)、金针菇黑腐病、金针菇褐斑病(锈斑病)等。

鸡腿菇黑头病　　　　　　　　双孢蘑菇褐斑病

金针菇黑腐病

213. 食用菌侵染性病害发生必须具备哪些条件？如何防治？

侵染性病害必须同时具备病原物、易感寄主、适宜侵染的环境条件、传播途径才能发生和蔓延。因此，侵染性病害的防治主要包括以下几个方面。

（1）控制病原，进行菇房内外环境的彻底清洁和消毒，保持环境卫生；选择新鲜无霉变的优质培养料，培养料发酵或灭菌过程规范、严谨，覆土材料使用前进行蒸汽消毒或药剂处理等。

（2）选用抗病品种和健壮菌种，避免使用不合格菌种，提高食用菌自身抗病能力。

（3）阻断传播途径，病害的传播方式主要有自然传播、人为（操作）传播、气流传播、水流传播、土壤传播、栽培基质传播以及生物介体传播等。生产用具要及时消毒、减少人员走动、规范管理操作以阻断病害传播。

（4）提高栽培管理水平，完善栽培措施，提高管理技术，创造适合食用菌生长、不利于病原菌生长的环境条件。

214. 什么是食用菌虫害？

狭义上人们通常把危害食用菌的各种昆虫、螨类等称为害虫。由于害虫的作用，造成食用菌菌丝、子实体及其培养料被取食、损伤、破坏等称为虫害。广义上食用菌害虫不仅包括昆虫、螨类，还包括软体动物（如蜗牛、蛞蝓、马陆等）。危害食用菌的害虫具有食性杂、侵害面广、体形小、隐蔽性强、繁殖量大、暴发性强，从培养基质、菌丝到菇体都能取食危害的特点。危害食用菌的害虫种类繁多，据初步统计，可以取食危害食用菌的昆虫、动物种类可达90多种，常见害虫有菇蚊、菇蝇、跳虫、螨虫等。

215. 食用菌发生药害的症状及预防措施是什么？

食用菌是一类对各种化学药剂较为敏感的真菌，各种杀菌剂、杀虫剂、除草剂、消毒剂和添加剂均可导致药害发生，其中以杀菌剂和除草剂引起的药害较为常见。由于使用农药不当，或者由于喷雾器中残留农药，极易导致食用菌产生药害。菌丝体发生药害时，表现为菌丝停止生长或者死亡，子实体受到药害时，表面会出现各种变色斑点，严重时子实体畸形、萎蔫、死亡。

预防措施：使用药剂之前，必须明确药剂是否可能产生药害，严格按规定剂量、浓度和施用方法使用。喷雾器在使用之前，应反复清洗，以免残存其他农药。避免在食用菌子实体或菌丝体上喷施

平菇子实体药害

化学农药，化学药剂主要用于喷施生产场所。

216. 食用菌病虫害防控的方针是什么？

食用菌病虫害的防控应遵循"预防为主，综合防控"的方针，从菇房生态系统整体出发，协调运用综合防控技术，以农业防治、物理防治、生物防治、生态调控为主，改善并提高食用菌抗病虫能力，恶化病虫害的生存条件，在必要时科学、合理、安全使用农药，从产地环境、生产源头与栽培过程关键环节上采取综合措施预防和控制病虫害，将病虫害损失降到最低限度。

217. 食用菌病害综合防控措施有哪些？

（1）栽培措施防控　清洁生产场所，选择良好的栽培场地、完善的菇房设施、合格的栽培原材料及生产资料，选用优良抗病虫品种和健壮菌种，采用科学合理的栽培措施，尽可能避免人为传播病原物。

（2）物理防控　常用的方法是利用高温，充分消灭培养料或覆土中的病原物；利用紫外线、高温对接种场所或栽培场所进行消毒处理，尽可能消灭病原物；利用物理阻隔法在接种室或栽培室的门窗安装防虫网和空气过滤装置，阻隔害虫和病原物进入生产场所。根据害虫的生活习性，使用简单机械人工捕杀害虫。利用害虫的趋光性，采用黑光灯或色板诱杀害虫。蓟马对蓝色有趋光性，可用蓝色粘虫板进行诱杀；双翅目菇蚊、菇蝇对黄色的趋性强，可以用黄色粘虫板进行诱杀。

（3）化学防控　食用菌病虫害化学防治多数是利用药剂对生产场所进行化学消毒，减少病虫的来源，包括对接种室、接种工具、栽培菇房、覆土材料、运输工具等进行化学药剂处理。必要时在采收过后的菌袋表面、菌渣表面或菇床上喷洒杀菌剂，防止病原物传播蔓延。应避免在子实体或菌丝体上直接喷施化学药剂，以免产生药害或者造成食品安全问题。严禁使用高毒、高残留农药并尽可能减少农药用量和次数。采用科学规范的施药方法和合适的施药时机，出菇期间应选择出菇间歇期料面无菇时用药，着重于覆土前和开袋前的预防处理。

（4）生物防控　生物防控是指利用害虫天敌或某些微生物及其代谢产物或者利用某些具有抑菌或杀菌、杀虫作用的植物提取物，对病虫害进行防治。生物制剂可用于栽培场地消毒，但在用于菌袋或菇床表面喷雾时，特别是在子实体表面喷雾时应十分谨慎，避免因食用菌菌丝体或子实体对生物制剂产生过敏反应而导致药害发生。使用药剂防治害虫时应注意合理用药，选用对天敌影响小的农药。

218. 食用菌生产中常用杀菌剂及使用方法有哪些？

杀菌剂是能杀灭真菌及其孢子、细菌及其芽孢的化学药剂的总称，食用菌生产中应用较多的是杀菌谱较广、低残留的芳烃类、咪唑类和次氯酸类杀菌剂。

（1）咪鲜胺锰络合物可湿性粉剂　商品名为施保功。低毒，一般只对眼睛、皮肤有刺激性。常用剂型为50%可湿性粉剂。在食用菌栽培中多用于菇床病区喷雾、覆土拌药、场地消毒等处理，对多种病原真菌有良好的杀灭作用。

（2）噻菌灵 又名特可多、涕必灵、噻苯灵。对人畜低毒，能有效控制大部分真菌病害，兼具治疗和保护作用。常用剂型为40％可湿性粉剂或450克/升悬浮剂。覆土消毒或喷淋菇床，可采用40％可湿性粉剂，用量为0.4～0.6克/立方米；培养料拌料可使用450克/升悬浮剂，用药量为每100千克干料20～40克。

（3）二氯异氰尿酸钠 又名优氯净、优氯特、优氯克霉灵。对人畜低毒，但对眼睛、皮肤有灼伤危险，有腐蚀性，严禁与人体接触。对食用菌栽培过程中多种病原细菌和真菌都有较强的消毒和杀菌能力。常用剂型为40％可湿性粉剂、66％烟剂。40％可湿性粉剂可用于拌料防治木霉等竞争性杂菌，100千克干料用药量为40～48克；66％烟剂可用于熏蒸菇房，剂量为3.96～5.28克/立方米。

（4）百菌清＋福美双 由百菌清与福美双两种杀菌剂复配而成。低毒，触杀型杀菌剂。常用剂型为30％百菌清＋福美双可湿性粉剂（10％百菌清与20％福美双复配）。百菌清＋福美双对多种真菌和细菌都有很强的抑制和杀灭作用，可用于多种木腐菌培养料的生料拌料，以及生长期多种病害的防控。拌料用百菌清＋福美双1 500～2 000倍溶液与干料拌匀。覆土消毒，使用前5～7天，先将土粒捣细、晒干、摊开，用百菌清＋福美双3 000倍液喷施于土粒表面，再拌匀堆闷3～5天后使用。菇房消毒：用百菌清＋福美双100～500倍液喷洒菇架、地面等，可杀灭残留在菇房内的病原物。

（5）农用链霉素 低毒，可引起皮肤过敏。常用剂型为72％可湿性粉剂。可防治多种细菌性病害。主要用于食用菌出菇期间的细菌性病害防治，对平菇黄斑病、金针菇黑腐病、杏鲍菇腐烂病等病害，可用500倍液喷雾，间隔7～10天喷施1次，连续用药2～3次，即可控制病害蔓延。

219. 食用菌生产中常用杀虫剂有哪些？

食用菌害虫防治常用杀虫剂有菇净、甲维盐、噻嗪酮、除虫脲、螺螨酯、磷化铝等。

（1）菇净（4.3％高氟氯氰·甲阿维乳油） 对成虫击倒力强，对螨虫的成螨和若螨都有快速防治作用。可防治夜蛾、菇蚊、蚤蝇、跳虫、食丝谷蛾、白蚁等。使用方法：1 000～2 000 倍液用于拌料、拌土处理；1 000 倍液喷雾用于菇床杀成虫，2 000 倍喷雾用于菇床杀幼虫。

（2）甲维盐（甲氨基阿维菌素苯甲酸盐） 是一种新型高效、低毒、无残留、无公害生物农药。常用剂型为 1％乳油、1.6％乳油、1.9％乳油、5％水分散粒剂。甲维盐对鳞翅目昆虫的幼虫和螨类的活性极高，既有胃毒作用又兼触杀作用，可用于防治食用菌中螨虫、线虫和菇蚊等。

（3）噻嗪酮 可用来防治跳虫和菇蚊幼虫，25％可湿性粉剂常用浓度为 2 000～3 000 倍液。

（4）除虫脲 对鳞翅目害虫、菇蚊、菇蝇有较好的防治作用，在幼虫期使用 25％可湿性粉剂 2 000～3 000 倍液喷雾，可使虫体畸形死亡。

（5）螺螨酯 专用杀螨剂，对菇床中多种螨虫均有较好防效，常用 3 000～5 000 倍液喷雾。

（6）磷化铝 常用熏蒸剂，可用于熏蒸防治食用菌栽培及储藏期间的多种害虫及害螨类，常用量为 2～3 立方米空间用 1 片药（3.2 克/片）。

主要参考文献 MAINREFERENCES

暴增海，杨辉德，王莉，2010. 食用菌栽培学 [M]. 北京：中国农业科学技术出版社.

边银丙，王贺祥，申进文，等，2017. 食用菌栽培学 [M]. 北京：高等教育出版社.

边银丙，2016. 食用菌病害鉴别与防控 [M]. 郑州：中原农民出版社.

曹现涛，2015. 香菇菌棒腐烂病相关木霉鉴定与发生规律初步研究 [D]. 武汉：华中农业大学.

曹莹，2019. 香菇的人工栽培方法 [J]. 中国食用菌，38（10）：115－117.

常明昌，2003. 食用菌栽培学 [M]. 北京：中国农业出版社.

程爽爽，2019. 香菇优良菌株的选育 [D]. 杨陵：西北农林科技大学.

黄毅，郑永德，2019. 香菇工厂化栽培任重道远（一）[J]. 食药用菌，27（1）：23－27.

黄毅，郑永德，2019. 香菇工厂化栽培任重道远（二）[J]. 食药用菌，27（2）：82－86.

黄毅，2008. 食用菌栽培 [M].3 版. 北京：高等教育出版社.

李术臣，刘光东，杨文平，等，2018. 北方反季层架立体栽培香菇关键技术 [J]. 食用菌，40（1）：56－57.

刘世玲，焦海涛，2019. 现代食用菌栽培实用技术问答 [M]. 武汉：湖北科学技术出版社.

刘振祥，谭爱华，杨辉德，2006. 食用菌栽培学 [M]. 武汉：华中师范大学出版社.

卢淑芳，吕晓东，孔中文，等，2020. 香菇菌棒工厂化生产的适宜品种筛选 [J]. 食药用菌，28（1）：51－53.

罗信昌，陈士瑜，2010. 中国菇业大典 [M]. 北京：清华大学出版社.

吕作舟，2006. 食用菌栽培学 [M]. 北京：高等教育出版社.

马涛，张李躬，林钊，等，2019. 不同银耳产品主要营养成分分析与评估[J]. 中国食用菌，38（11）：57－60.

马玮超，李峰，靳荣线，2018. 香菇菌袋越夏关键管理技术 [J]. 食用菌，40（6）：41，43.

申进文，2014. 食用菌生产技术大全 ［M］. 郑州：河南科学技术出版社 .

童应凯，王学佩，班立桐，2010. 食用菌栽培学 ［M］. 北京：中国林业出版社 .

万鲁长，李晓博，赵敬聪，等，2019. 北方地区长根菇大棚地栽周年生长标准化技术 ［J］. 食药用菌，27（2）：135 - 138.

王东，宋君，赵树海，等，2018. 银耳的分子生物学研究进展 ［J］. 北方园艺，4：169 - 174.

王贺祥，刘庆洪，2014. 食用菌栽培学 ［M］.2 版 . 北京：中国农业大学出版社 .

王贺祥，2008. 食用菌栽培学 ［M］. 北京：中国农业大学出版社 .

王克银，2019. 凉州区日光温室香菇代料栽培技术 ［J］. 食用菌，41（1）：59 - 60.

邢作常，耿新翠，2018. 夏季代料栽培香菇出菇管理措施 ［J］. 食用菌，40（4）：35 - 37.

袁长波，2015. 双孢菇生产技术问答 ［M］. 北京：化学工业出版社 .

张桂香，2019. 甘肃省香菇袋料栽培主要技术模式及关键技术 ［J］. 中国食用菌，38（11）：29 - 31.

张海洋，林辉，王长文，等，2017. 不同温度下银耳生理变化规律与出耳农艺性状分析 ［J］. 广东农业科学，44（12）：12 - 19.

郑玉婷，2019. 袋栽银耳料棒工程化生产的效益及技术 ［J］. 食药用菌，27（5）：340 - 343.

朱星考，张清洋，2019. 香菇传统栽培方法"剁花法"的保护与开发 ［J］. 食药用菌，27（2）：96 - 98.